VOM WESEN DER BUTTERSÄURE- UND BUTYLALKOHOLGÄRUNG

INAUGURAL-DISSERTATION

ZUR

ERLANGUNG DER DOKTORWÜRDE

GENEHMIGT

VON DER PHILOSOPHISCHEN FAKULTÄT

DER

FRIEDRICH-WILHELMS-UNIVERSITÄT

ZU BERLIN.

Von

Bernhard Arinstein

aus Kiew (Ukraine)

Tag der Promotion: 21. Mai 1921.

ISBN 978-3-662-22809-8 ISBN 978-3-662-24742-6 (eBook)
DOI 10.1007/978-3-662-24742-6

Referenten:

Professor Dr. E. Beckmann
Professor Dr. C. Neuberg

Vom Wesen der Buttersäure- und Butylalkoholgärung.

Abfangung von Acetaldehyd als Umsetzungsprodukt. Übergang von Brenztraubensäure-aldol in Buttersäure. Entstehung höherer Fettsäuren aus Zucker.

Von

Bernhard Arinstein.

(Aus der chemischen Abteilung des Kaiser Wilhelm-Instituts für experimentelle Therapie zu Berlin-Dahlem.)

Mit 1 Abbildung im Text.

Die neuen Methoden zur Erforschung der Zuckerzerlegung, die bei Hefen und anderen Organismen erprobt worden sind, haben sich mit Erfolg auch auf das Problem der Buttersäuregärung anwenden lassen, wie wir im folgenden zeigen wollen.

Wir unterscheiden drei Formen des natürlichen Vorkommens von Buttersäure: ihr Auftreten bei dem Zerfall von Fetten, ihre Erzeugung durch bakterielle Zersetzung von Eiweißverbindungen und zu dritt ihre biochemische Bildung aus Kohlenhydraten nebst verwandten Körpern. Bisher vermißt man eine genaue Durchführung dieser Dreiteilung in lipogene, proteinogene und saccharogene Abstammung. Zahlreiche Angaben sind infolgedessen mit Unsicherheit betreffs der Herkunft der Buttersäure behaftet.

Die Abspaltung der Buttersäure aus Fettstoffen ist ohne weiteres verständlich, da sie in den betreffenden Lipoiden als solche präformiert zugegen ist, wie man seit Chevreuls grundlegenden Arbeiten weiß. Das Hervorgehen von Buttersäure aus Proteinen ist durch die Untersuchungen von C. Neuberg in Gemeinschaft mit E. Rosenberg und W. Brasch vor 14 Jahren aufgeklärt worden[1]); hier fanden die Autoren in der Glutamin-

[1]) C. Neuberg, Sitzungsbericht d. Preuß. Akad. d. Wissensch. vom 26. V. **1907**; C. Neuberg und E. Rosenberg, diese Zeitschr. **7**, 183. 1907; W. Brasch und C. Neuberg, diese Zeitschr. **13**, 299. 1908.

säure, die sich in erheblichem Umfange am Aufbau der meisten Eiweißkörper beteiligt, eine wesentlich in Betracht kommende Muttersubstanz, indem sie zeigten, daß die α-Aminoglutarsäure unter gleichzeitiger Desaminierung und Kohlensäureablösung gemäß der Formulierung $COOH \cdot CH_2 \cdot CH_2 \cdot CH\,NH_2 \cdot COOH \rightarrow COOH \cdot CH_2 \cdot CH_2 \cdot CH_3$ oder $COOH \cdot CH_2 \cdot CH_2 \cdot CHNH_2 \cdot COOH \rightarrow CH_3 \cdot CH_2 \cdot CH_2 \cdot COOH$ in Buttersäure umgewandelt wird. Nach späteren Feststellungen[1]) verhalten sich aktive und razemische Glutaminsäure dabei gleich. Die dritte Form der Buttersäureproduktion, die saccharogene, ist in ihrem Wesen bis jetzt wenig durchsichtig. Gerade sie aber beansprucht unser größtes Interesse; denn im Gegensatz zur proteinogenen Entstehung, die unter Kohlenstoffkettenverkürzung erfolgt, liegt in der Buttersäurebildung aus kohlenhydratähnlichen Stoffen ein kernsynthetischer Prozeß vor. Schon A. Fitz[2]), der die Buttersäuregärung der Kohlenhydrate einer eingehenderen Prüfung unterzog, hat mitgeteilt, daß auch Glyzerin und Milchsäure, also Körper der 3-Kohlenstoffreihe, eine Quelle der Buttersäure bezw. ihres zugehörigen Alkohols, des Butylalkohols, darstellen können.

Angaben über Vergärung von Glycerin und Laktaten zu 4-Kohlenstoffkörpern sind mehrfach gemacht worden[3]). Allerdings beziehen sich die Ergebnisse von A. Fitz[4]) selbst, ferner die von F. Hüppe[5]), A. Baginsky[6]) sowie R. Kerry und S. Fränkel[7]) auf die Vergärung von Nährlösungen, die milchsauren Kalk in komplizierten Gemischen enthielten und zum Teil auf pathogene Erreger. Die Daten sind, zumal öfter nur geringe Mengen Buttersäure auftraten, auch nicht immer hinreichend beweiskräftig. L. Pasteur[8]) arbeitete mit Bakteriengemengen, während bereits M. W. Beijerinck[9]) und E. Duclaux[3]), die eine Ca-Laktatumwandlung durch Reinkulturen erzielten, den baldigen Verlust dieser Eigen-

---

1) C. Neuberg, diese Zeitschr. **18**, 431. 1908; vgl. auch J. Effront, Chem. Centralblatt **1909**. I. 929.

2) A. Fitz, B. **9**, 1348. 1876; **11**, 42. 1878; **13**, 1309. 1880.

3) A. Vigna, B. **16**, 1438. 1883; M. L. Grimbert, Ann. de l'inst. Pasteur **7**, 353. 1893; E. Duclaux, Ann. de l'inst. Pasteur **9**, 811. 1895.

4) A. Fitz, B. **13**, 1309. 1880.

5) F. Hüppe, Mitteilungen aus dem Reichsgesundheitsamt **2**, 353. 1884.

6) A. Baginsky, H. **12**, 434. 1888.

7) R. Kerry und S. Fränkel, Monatshefte f. Chemie **12**, 350. 1891.

8) L. Pasteur, Jahresber. Fortschritte d. Chemie **1862**, 477.

9) M. W. Beijerinck, Über die Butylalkoholgärung. Amsterdam **1893**.

schaft bei Fortzüchtung auf künstlichen Nährböden erwähnt haben. Neuerdings hat G. Bredemann[1]) in einer umfangreichen Studie dargetan, daß bei Verwendung rein fortgepflanzter Stämme der Gattung Amylobacter — und zu ihr gehören nach seinen Ausführungen die ihm zugänglich gewesenen harmlosen Buttersäurebildner — die Vergärung milchsaurer Salze nicht beliebig reproduzierbar ist, auch mit Rohkulturen und frischen Reinzüchtungen selten gelingt und daß bei Reinkulturen das dargebotene Material nur in geringfügigem Grade zum Umsatz gelangt. Die Gärung von Calciumlactat soll weitgehend von noch nicht erforschten Bedingungen der Symbiose und des Nährmediums abhängen. Die Vergärung von Glycerin[2]) ist bisher nie quantitativ zu Ende geführt worden, und auch die Kleinlebewesen, die als typische Glycerinverzehrer herangezüchtet werden, büßen vielfach bei längerer Kultivierung auf künstlichen Nährsubstraten diese Fähigkeit ein, wie auch wir an den von uns benutzten Stämmen haben beobachten können. Erhalten bleibt allen diesen Mikroorganismen jedoch das Vermögen, echte Kohlenhydrate anzugreifen.

Auf Grund des seiner Zeit vorliegenden Materials hat Fitz immerhin als erster versucht, sich eine Vorstellung von dem Mechanismus des beobachteten Vorganges zu machen; er wies nämlich darauf hin, daß Milchsäure bei verschiedenen Reaktionen Acetaldehyd liefern und sich dieser zu Aldol kondensieren könne, das wie die Buttersäure 4 Kohlenstoffatome in gradliniger Kette enthält. Acetaldehyd oder Aldol freilich hat Fitz niemals, so wenig wie die nachstehend erwähnten Forscher, bei der Buttersäuregärung nachgewiesen und auch gar keine experimentelle Begründung seiner ganz beiläufigen Äußerung versucht; jedoch ist er mithin der Vater jener öfter herangezogenen, aber auch wiederholt bekämpften Theorie der Buttersäuregärung geworden.

M. Nencki[3]), K. Spiro[4]), L. Hugounenq[5]), A. Magnus-Levy[6]), C. Neuberg und F. Blumenthal[7]), H. St. Raper[8]) sowie E. Buchner

[1]) G. Bredemann, Centralbl. f. Bakt. u. Parasitenk. 2. Abt., **23**, 385. 1909; Ch. C. **1909**, II. 1147.

[2]) G. Bredemann, l. c. 470.

[3]) M. Nencki, Journ. f. prakt. Chemie **17**, 105. 1878.

[4]) K. Spiro, zit. bei Magnus-Levy.

[5]) L. Hugounenq, Rev. de méd. **8**, 301. 1887.

[6]) Ad. Magnus-Levy, Arch. f. experim. Pathol. u. Pharmakol. **42**, 149. 1899; Verhandl. der Berl. Physiol. Gesellsch. 1902.

[7]) C. Neuberg und F. Blumenthal, Beitr. z. chem. Physiol. u. Pathol. **2**, 241. 1902.

[8]) H. St. Raper, Journ. Chem. Soc. **91**, 1831. 1907; s. a. J. Smedley, Ch. C. **1911**. II. 1516; H. Hammarsten, Ann. **421**, 313. 1920.

und J. Meisenheimer[1]) haben dieser Hypothese voneinander ein wenig abweichende, im Grunde aber übereinstimmende Fassungen gegeben; die letzte beachtenswerte Variante rührt von J. Smedley und E. Lubrzynska[2]) her; sie nahmen, nachdem die bedeutsame Rolle der Brenztraubensäure in der Natur bekannt geworden war, — allerdings ohne durch biologische Experimente beigebrachte Stützen für ihre Meinung — an, daß der Acetaldehyd sich nicht mit sich selber, sondern mit Brenztraubensäure etwa zur ungesättigten Säure $CH_3 \cdot CH : CH \cdot CO \cdot COOH$ kondensiere, die dann entweder durch carboxylatische Spaltung Crotonaldehyd oder durch Oxydation Crotonsäure liefere usw.

Andere Autoren dagegen, wie F. Hoppe-Seyler[3]), Th. Curtius und H. Franzen[4]), haben jene Hypothese abgelehnt.

In der Tat fehlte es bis vor kurzem an jeder tatsächlichen Grundlage für diese Theorie, die letzten Endes immer auf eine Acetaldol- oder Crotonaldehyd-Condensation herausläuft und durch mehrfache Wiederholung dieser Reaktion auch die natürliche Bildung höherer Fettsäuren erklären will. Aber man hat auf physiologischem Wege weder aus Acetaldehyd noch aus Acetaldol oder dergleichen jemals Buttersäure und Butylalkohol erhalten, auch sind die betreffenden Stoffe, wie schon bemerkt ist, nicht als Zwischenstufen der Butylgärung[5]) festgestellt gewesen.

Erst die Untersuchungen von C. Neuberg und F. F. Nord[6]) haben dargetan, daß bei bakteriellen Abbauprozessen in der Zuckerreihe, genau wie bei der alkoholischen Zuckerspaltung durch Hefen, Acetaldehyd nachgewiesen werden kann. Mit Hilfe eines sogenannten „Abfangverfahrens", das in der Festlegung intermediär auftretenden Acetaldehyds durch Bindung an gleichzeitig zugefügte sekundäre schwefligsaure Salze besteht[7]), gelang es den Genannten, beträchtliche Mengen

---

[1]) E. Buchner und J. Meisenheimer, B. **41**, 1410. 1908.

[2]) J. Smedley und E. Lubrzynska, Biochemical Journ. **7**, 372. 1913; vergl. hierzu analoge Annahmen und Beobachten von B. Homolka, B. **18**, 987, 1885; **19**, 1089. 1886 sowie E. Erlenmeyer, B. **32**, 1453. 1899.

[3]) F. Hoppe-Seyler, H. **3**, 357. 1879.

[4]) Th. Curtius und H. Franzen, Ann. **390**, 114. 1912.

[5]) Mit dem Namen „Butylgärungen" bezeichnet man zweckmäßig die Entstehung der genetisch zusammengehörigen Körper der 4-Kohlenstoffreihe.

[6]) C. Neuberg und F. F. Nord, diese Zeitschr. **96**, 133. 1919.

[7]) C. Neuberg und E. Färber, diese Zeitschr. **78**, 238. 1916; C. Neuberg und E. Reinfurth, diese Zeitschr. **89**, 365 u. **92**, 234. 1918.

Acetaldehyd bei der Vergärung von Zucker mit Hilfe verschiedener Bakterien anzuhäufen. Dies glückte ihnen auch bei dem Erreger des Gasbrandes, dem Fränkelschen Bacillus, der ein ausgesprochener Anaerobier ist. Dieser letzterwähnte Mikroorganismus wird in der Regel zu den Buttersäurebildnern gerechnet. Es trifft zu, daß das Fränkelsche Bakterium Buttersäure wie auch Butylalkohol erzeugen kann; diese Stoffe sind aber nicht immer die Hauptprodukte [1]) der herbeigeführten Zuckerspaltung, so daß der Beweis für einen Zusammenhang zwischen der wahren Butylgärung und intermediären Abbaustufen des Zuckers sich am ehesten erbringen ließ durch Untersuchungen an einem typischen Buttersäurebacterium. Wir wählten hierfür den Bacillus butylicus fitzianus, der wiederholt zur Einleitung einer reinen Buttersäuregärung gedient hat und in seinen chemischen Leistungen am besten untersucht ist. In der Tat ist es möglich, durch Vermittelung dieses Erregers Zucker in Gegenwart von Dinatriumsulfit unter Ansammlung von Acetaldehyd zu vergären. Es gelang uns, den Acetaldehyd in ansehnlicher Ausbeute zu 9,8% vom Gewichte des angewendeten Zuckers, zu isolieren und charakterisieren. Wie auch bei anderen Gärungen [2]) haben wir die Beobachtung gemacht, daß die Menge des Acetaldehyds trotz Gegenwart schwefligsaurer Salze beim Stehen wieder abnehmen kann. Dieses Verhalten erscheint verständlich, wenn man bedenkt, daß bei Brutschranktemperatur unter dem Einflusse des als Bodenkörper reichlich vorhandenen kohlensauren Kalks sowie des sich in der Lösung (gemäß der Umsetzung: $CH_3 \cdot CHO + Na_2 SO_3 + H_2CO_3 = CH_3 \cdot CH OH \cdot O \cdot SO_2Na + NaHCO_3$) bildenden Natriumbicarbonats bezw. Natriumcarbonats die Dissoziation der Aldehyd-Sulfit-Verbindung merklich ist [3]), also Aldehyd frei wird, der anderweitig wieder verbraucht werden kann. Weiterhin ist in Betracht zu ziehen, daß der als recht hoch anzusehende Acetaldehydertrag nach 13 Tagen zu verzeichnen war, d. h. zu einem Zeitpunkte, an welchem noch keines-

[1]) Vgl. A. Schattenfroh und R. Graßberger, Arch. f. Hyg. 1900—1907.

[2]) C. Neuberg und F. F. Nord, diese Zeitschr. **96**, 166. 1919.

[3]) Vgl. hierzu C. Neuberg und E. Reinfurth, diese Zeitschr. **89**, 384. 1918; B. **52**, 1682. 1919 sowie C. Neuberg und F. F. Nord, l. c.

wegs aller angewandter Zucker vergoren war; denn abweichend von der Hefe vermag der Bacillus butylicus Fitz in Anwesenheit von Sulfit das Kohlenhydrat nicht quantitativ umzusetzen, zumal er bekanntlich selbst Maischen, die keine andere Zugabe als die erforderliche von kohlensaurem Kalk enthalten, auch erst nach mehr als 3—4 Wochen angenähert vollständig zu verarbeiten imstande ist.

In reichlicher Menge kann also Acetaldehyd bei den Umwandlungen zu Tage gefördert werden, die der erwähnte Erreger der Butylgärung auslöst; damit ist der erste experimentelle Beweis dafür erbracht, daß Acetaldehyd in Beziehungen zu den Vorgängen der wahren saccharogenen Buttersäurebildung steht.

Daß eine bestimmte Abhängigkeit von den Geschehnissen vorhanden ist, die zum Auftreten der Acetaldehyds führen, ergibt sich mit völliger Schärfe auch daraus, daß im Abfangversuche weder Buttersäure noch Butylalkohol überhaupt auftreten und daß die Umwandlungsstoffe des Zuckers, soweit sie nicht in Form gasförmiger Verbindungen vorliegen, eben aus Acetaldehyd bezw. seinen Dismutationsprodukten, Essigsäure und Äthylalkohol, bestehen[1]).

Um bündigere Vorstellungen über die Art dieser Zusammenhänge zu gewinnen, lag es nahe, Acetaldehyd sowie Acetaldol mit dem Erreger in Berührung zu bringen und hinsichtlich ihrer Fähigkeit zum Übergange in Buttersäure und Butylalkohol zu prüfen. Diese Versuche haben insofern ein völlig negatives Ergebnis ge-

---

[1]) Das Auftreten von Essigsäure und Äthylalkohol auch bei normaler Anstellung der Buttersäuregärung in Gegenwart von Calciumcarbonat und zwar in Mengen, die selbst bei gleichem Erreger und Nährboden innerhalb weiter Grenzen schwanken, (Grimbert, Duclaux, Bredemann, l. c.) erwähnen alle Autoren, die bisher über dieses Thema schrieben; wir haben diese Angaben bestätigt gefunden. (Bei dem den eigentlichen Buttersäurebildnern ferner stehenden Tetanusbazillus führen S. Kitasato und Th. Weyl (Zt. f. Hygiene 8, 404. 1890) von flüchtigen Säuren allein Buttersäure an.) Die **vollständige Unterbindung** der Produktion von 4-Kohlenstoffkörpern bei Umsetzung von Kohlenhydraten oder Glycerin durch Erreger der typischen Buttersäuregärungen war dagegen noch nie beobachtet worden.

habt, als der Bacillus nach Zusatz der üblichen Nährsalze, ferner auch bei Anwendung der genannten Aldehyde als Ammoniakverbindungen nicht gedieh und Acetaldehyd sowie das Acetaldol unverändert zurückließ.

Nachdem der carboxylatische Zerfall der Brenztraubensäure in CO_2 und Aldehyd entdeckt worden war, wird jene Ketosäure mit guten Gründen als Vorstufe des Acetaldehyds betrachtet. Man konnte also vermuten, daß die Brenztraubensäure wie bei der alkoholischen Zuckerspaltung so auch bei der Butylgärung ein Zwischenglied darstellt und daß der Acetaldehyd, durch eine in den Bakterien enthaltene Carboxylase in Freiheit gesetzt, sich bei Vorhandensein sekundärer schwefligsaurer Salze anhäuft. Denn auch die Pyruvinatsulfite besitzen erwiesenermaßen[1]) eine große Tendenz zu glattem Zerfall in Kohlensäure und in den Aldehyd-Schwefligsäure-Komplex. Es ist aber damit zu rechnen, daß normalerweise nicht der ganze Abbauprozeß über die Stufe fertigen Acetaldehyds führt[2]), sondern daß die erforderliche Kondensation sich bereits an einem vorangehenden Gebilde abspielt, d. h. mit anderen Worten, daß nicht zwei Acetaldehydreste sich zu Aldol zusammenschließen, sondern daß die Aneinanderlagerung z. B. an der Brenztraubensäure vollzogen wird.

Das entsprechende Aldol der Brenztraubensäure ist in Form seines Anhydrids bekannt, und schon im Jahre 1913 ist auf die Möglichkeit verwiesen, daß diese Verbindung, die α-Keto-γ-valerolacton-γ-carbonsäure, sich in bedeutendem Maße an biochemischen Umsetzungen, insbesondere auch an den Vorgängen bei der Buttersäurebildung beteiligt[3]). Eine Bestätigung findet nun diese Annahme durch das Verhalten, das der Buttersäurebacillus einmal gegenüber Brenztraubensäure und ein andermal gegenüber ihrem Aldol zeigt. Der genannte Erreger wächst ohne Schwierigkeiten auf einer Lösung von brenztraubensaurem Kalk. Er nutzt das Pyruvinat durchaus als Kohlenstoffquelle aus, jedoch tritt keine Buttersäure auf; es entstehen allerhöchstens Spuren. Die Reaktion verläuft weder wie bei der

---

[1]) C. Neuberg und E. Reinfurth, diese Zeitschr. **89**, 413. 1918; B. **52**, 1689. 1919; **53**, 1039. 1920.

[2]) Vielleicht nur insoweit, als Alkohol und Essigsäure entstehen.

[3]) C. Neuberg, in C. Oppenheimers Handb. d. Biochemie Ergänzungsband, S. 603 vom 27. II. **1913**.

Brenztraubensäurespaltung mittels Hefe[1]) unter Freiwerden von Acetaldehyd (Neuberg und Karczag), noch wie bei der Zersetzung durch Paratyphus- oder Coli-bacillen teils gaslos, teils unter Wasserstoffentwicklung (Bouillonnährböden)[2]), sondern nach Art der Beobachtungen von Neuberg und Mitarbeitern[3]) über das Verhalten von Brenztraubensäure (und Homologen) zu Fäulniserregern so, daß Essigsäure und Ameisensäure als Hauptprodukte gebildet werden. Es ist fraglich, ob dabei die Brenztraubensäure einfach als Acetyl-ameisensäure fungiert, oder ob sie zunächst carboxylatische Spaltung in Acetaldehyd und Kohlendioxyd erfährt, von denen ersterer oxydiert (oder dismutiert) und letzteres reduziert wird. Anders dagegen ist das Verhalten des Brenztraubensäurealdols, das wir ebenfalls in Form des Calciumsalzes anwenden. Hier wird in der Tat reichlich Buttersäure (neben nur geringen Mengen von Essigsäure) erzeugt. Somit wird man zu der Vorstellung geleitet, daß auch im Verlaufe der Buttersäuregärung der Abbau des Zuckers über die Brenztraubensäure schreitet und daß diese dann die maßgebende Kondensation erfährt; das entstandene Produkt, das ja noch zur Reihe der α-Ketosäuren gehört, kann darauf unter Kohlensäureverlust und Sauerstoffwanderung zu Buttersäure werden. Der erste dieser Vorgänge, die Loslösung des Kohlendioxyd aus einer α-Ketosäure, ist durch das eingehende Studium der Carboxylasewirkung geklärt. Hinsichtlich des zweiten Prozesses sind wir zur Zeit noch auf Vermutungen angewiesen. Wir können die Reaktion summarisch als eine Saccharinumlagerung auffassen, da sie analog ist den chemisch wohl erforschten Übergängen von Galactose (bezw. Lactose) in die Meta- und Para-saccharinsäuren[4]):

$$CH_2OH - (CHOH)_2 - CHOH - CHOH - COH \longrightarrow$$
$$CH_2OH - (CHOH)_2 - CH_2 - CHOH - COOH\,.$$

Die einfache carboxylatische Spaltung des anhydrischen Brenztraubensäurealdols könnte natürlich β-Oxybutylaldehyd geben;

[1]) C. Neuberg und L. Karczag, diese Zeitschr. **36**, 68. 1911.

[2]) G. Wagner, C. f. Bact. I. Abt. **71**, 25, 1912; L. Karczag und E. Schiff, diese Zeitschr. **70**, 325, 1915; **84**, 229. 1917.

[3]) C. Neuberg, diese Zeitschr. **67**, 90. 1914; vgl. auch C. Neuberg und J. Jamakawa, diese Zeitschr. **67**, 123. 1914 und C. Neuberg und B. Rewald, diese Zeitschr. **71**, 122. 1915.

[4]) Vgl. A. Windaus, Chem. Ztg. **29**, 564. 1905; H. Kiliani, B. **41**, 2650. 1908; J. U. Nef, Ann. **376**, 52 u. folg. 1910.

es wäre auch kein Widerspruch, daß der letztgenannte Körper für sich kein geeignetes Nährmedium für den Bacillus darstellt; denn er ist biochemisch viel differenter als das Kalksalz der zugehörigen Dicarbonsäure [1]).

Vorstellbar wäre noch ein ganz anderer Weg der Brenztraubensäureumwandlung, auf den vor Jahren schon einmal der eine von uns [2]) aufmerksam gemacht hat. Das Brenztraubensäurealdol, das zum Übergange in Brenzweinsäure (Carboxy-buttersäure) befähigt ist, könnte auf eine analoge Weise Äthylessigsäure liefern:

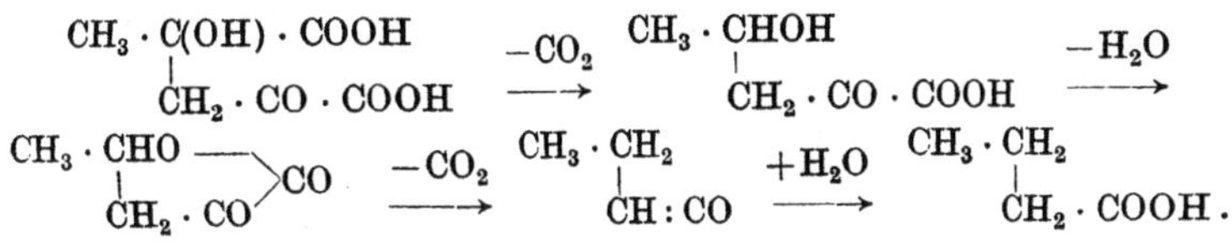

Das Problem der Buttersäuregärung hat deshalb seit langem das allgemeine Interesse der Chemiker und Biologen erregt, weil sie als ein Paradigma für einen der physiologisch bedeutsamsten Prozesse gelten kann, für den der Bildung höherer Fettsäuren aus Zucker. Das Auftreten von Ameisensäure und Essigsäure vermag in dieser Beziehung keinen Aufschluß zu verschaffen, weil die Ameisensäure selbst durch Reduktion aus Kohlensäure und die Essigsäure auf verschiedene Weise aus den Kohlenhydraten hervorgehen kann. Bei der Buttersäure liegt der Fall insofern schon anders, als bei ihrer Entstehung aus Körpern der 3-Kohlenstoffreihe, aus Glycerin und Milchsäure, augenscheinlich eine Synthese im Spiele ist. Gestützt auf die erwähnte, in ihrer ursprünglichen Form aber nicht bewiesene Aldolhypothese hatte man die Anschauung entwickelt, daß auch die mittleren und höheren Fettsäuren durch eine fortgesetzte Aldolcondensation in der Natur gebildet würden. (Siehe hierzu S. 280—281.)

Diese Ansicht geht auf den Umstand zurück, daß unter den Überbleibseln der technisch hergestellten Gärungsbuttersäure gelegentlich höhere Fettsäuren gefunden worden sind.

Sticht [3]) scheint die erste hierhin gehörige Beobachtung gemacht zu haben, indem er im Jahre 1868 bei der Gärung von „200 Pfund Kartoffel-

[1]) Es sei bei dieser Gelegenheit übrigens bemerkt, daß das Brenztraubensäurealdol, die α-Keto-valerolakton-γ-carbonsäure, auch durch Hefe unter Kohlensäureentbindung angegriffen wird.

[2]) C. Neuberg, Monogr. Jena **1913**, S. 35 u. 36.

[3]) Sticht, Jahresber. d. Fortschritte d. Chemie **1868**, 522.

stärke 12 Unzen ölige Säure" angetroffen und als Capronsäure angesprochen hat. Darauf hat Linnemann[1]) eine ähnliche Säure aus den Abfällen der industriellen Buttersäureerzeugung im Jahre 1871 abgeschieden, und Lieben[2]), Grillone[3]) und Henry[4]) haben seine Angaben bestätigt. Dementsprechend konnte F. Hoppe-Seyler (l. c.) auf die synthetische Bildung höherer Fettsäuren und Alkohole durch mehrere Jahre andauernde bakterielle Gärungen hinweisen. Béchamp[5]) zählte Capron- und auch Caprinsäure auf, Raper[6]) auch Caprylsäure. Abweichend von den meisten früheren Autoren, die nur den Säuren mit einer geraden Anzahl von Kohlenstoffatomen begegneten, führte im Jahre 1902 R. Locquin[7]) noch Valeriansäure an, nachdem übrigens bereits Béchamp die Anwesenheit des Angehörigen der 3-Kohlenstoffreihe, der Propionsäure, behauptet hatte, eine Angabe, die mit den ausdrücklichen gegenteiligen Befunden von Buchner und Meisenheimer (l. c.) in Widerspruch steht, jedoch mit Fitz'[8]), Beijerincks[9]) sowie R. Kerry und S. Fränkels (l. c.) nebst Graßberger und Schattenfrohs Beobachtungen der Produktion von Propylalkohol u. Propionsäure[10]) durch Granulobakter butylic. bzw. den Bacillus des malignen Ödems übereinstimmen würde. Ferner ist zu erwähnen, daß O. Emmerling[11]) bei seinen Untersuchungen mit dem Bacillus butylicus Fitz neben Butylderivaten einen hochmolekularen Körper von Säurecharakter auftreten sah, den er als Palmitinsäure betrachtete; auch Bredemann (l. c.) stieß auf eine fettige Substanz.

Es darf freilich nicht außer acht bleiben, daß eine Reihe der älteren Angaben über die Bildung kohlenstoffreicherer Fettsäuren sich auf die gewerbliche Gewinnungsweise bezieht, bei der sowohl Mischkulturen als verhältnismäßig reichliche Mengen von rohen Eiweißkörpern, z. T. wohl auch von Fetten in den Maischen vorhanden gewesen sind, bei denen also mit anderen Worten der strikte Beweis der Herkunft aus dem Zucker- oder Glycerinmolekül fehlt und proteinogene wie lipogene Abstammungen mit in Betracht kommen können.

---

[1]) E. Linnemann, Ann. **160**, 224. 1871.
[2]) A. Lieben, Ann. **170**, 89. 1873.
[3]) G. B. Grillone, Ann. **165**, 127. 1873.
[4]) L. Henry, Ch. C. **1905**, II. 214.
[5]) Béchamp, Chem-Ztg. **18**, 970. 1894.
[6]) H. S. Raper, zit. nach Maly, **37**, 891. 1907.
[7]) R. Locquin, Chem-Ztg. **26**, 756. 1902.
[8]) A. Fitz, Ber. **13**, 36. 1880.
[9]) M. W. Beijerinck, frdl. Privatmitt. d. Autors u. zit. bei O. Emmerling.
[10]) R. Graßberger u. A. Schattenfroh, Ch. C. **1903**, II. 843.
[11]) O. Emmerling, B. **30**, 453. 1897.

Bei dieser Sachlage schien uns eine Prüfung der Frage unerläßlich, ob bei der Vergärung von Kohlenhydraten in sonst vollkommen mineralischer Lösung und mit Reinkulturen höher molekulare Fettsäuren entstehen.

Zu diesem Behufe haben wir entsprechende große Găransätze angestellt. Es gelang uns, bei der Vergärung von 3990 g Traubenzucker in 2—3proz. Lösung mit einer Reinzucht des Bacillus butylicus Fitz tatsächlich das Auftreten der Capronsäure sowie höherer Fettsäuren von den Eigenschaften der Capryl- und Caprinsäuren festzustellen. Die kohlenstoffreichen, sicherlich vom Zucker abstammenden Fettsäuren wurden in einer Gesamtmenge von 34,9 g isoliert; doch ist die wahre Ausbeute daran wegen des unvollkommenen Abscheidungsverfahrens höher zu veranschlagen (siehe den experimentellen Teil). Das Hauptprodukt der Gärung war hier, wie bei den Versuchen im kleinen, Buttersäure, die außerdem von nicht zu vernachlässigenden Mengen Butylalkohol, Weingeist sowie Essig- und Milchsäure stets begleitet wurde.

Die neuerdings, nach Abschluß unserer Arbeit auftauchende Angabe[1]), daß bei Ausführung einer Butylgärung[2]) ohne kohlensauren Kalk Aceton neben den Butylderivaten auftritt, und zwar schon nach 24—30 Stunden, haben wir nicht eingehend nachprüfen können. In den wenigen darauf gerichteten Ergänzungsversuchen ist es uns nicht gelungen, unseren Erreger, der ja zu den säureempfindlichen Organismen gezählt wird, in einem calciumcarbonatfreien Nährmedium zu einem nennenswerten Verbrauch des Zuckers zu veranlassen. Das Wachstum war spärlich und der Umsatz schritt nur äußerst langsam fort. Keine der scharfen qualitativen Proben auf Aceton war im destillierten Gärgut zu erzielen. Es würde übrigens die Entstehung des Acetons neben der Buttersäure und dem Butylalkohol durchaus mit den entwickelten Anschauungen in Einklang zu bringen sein, indem der Weg nach diesbezüglichen Darstellungen von Neuberg und Blumenthal vom Jahre 1902 sowie ebensolchen späteren Neubergs[3]) auf die jüngst Peterson und Fred[4]) verweisen,

[1]) H. B. Speakman, Chem. Centralblatt **1919**, IV. 737; J. Reilly und W. J. Hickinbottom, Chem. Centralblatt **1920**, I. 112; vgl. hierzu die Bildung von Phoron bei Spaltpilzgärung des Glycerins, K. E. Schulze, B. **15**, 64. 1882.

[2]) Die Natur des Erregers ist aus den Referaten nicht ersichtlich.

[3]) C. Neuberg und F. Blumenthal, B. ch. Phys. und Path. **2**, 237. 1902; C. Neuberg, diese Zeitschr. **43**, 491. 1912, und Monogr., Jena **1913**.

[4]) W. H. Peterson und E. B. Fred, Biochemical Journ. **44**, 38. 1920.

natürlich über die Stufen Brenztraubensäure ⟶ Acetaldehyd ⟶ Aldol ⟶ β-Oxybuttersäure ⟶ Acetessigsäure zu Aceton führen könnte.

Nach unseren unter einwandfreien Bedingungen — in anorganischen Nährlösungen und mit einer Reinzucht — erzielten Ergebnissen werden allem Anscheine nach Fettsäuren mit gerader Anzahl von C-Atomen gebildet. Bekanntlich kommen diese vorwiegend in der Natur vor.

Außer den auf S. 271 u. 272 erwähnten Autoren, von denen die Aldolhypothese entwickelt worden ist, haben E. Fischer[1]) sowie Th. Curtius und H. Franzen (l. c.) Erklärungen für diese Tatsache zu geben versucht. Ersterer nahm an, daß in vitro bisher nicht gelungene Kohlenstoffverkettungen von Hexosen untereinander oder mit mehreren Molekülen Pentosen zu den höheren Fettsäuren führen würden (z.B. 3 mal C_6 zur C_{18}-Säure, $C_6 + C_5 + C_5$ zur C_{16}-Säure, 2 mal C_5 zur C_{10}-Säure). Curtius und Franzen sowie Smedley und Lubrzynska (l. c.) haben auf die Schwierigkeiten hingewiesen, die diese Hypothese in sich birgt. Bei der Entstehung der Myristinsäure (C_{14}) müßten etwa Glykolaldehyd oder die Tetrosen mitgewirkt haben, die jedoch bislang in der Natur nicht sicher nachgewiesen sind und jedenfalls nicht in wesentlichen Mengen zur Verfügung stehen dürften. Auch wäre es schwer verständlich, daß falls z. B. 1 Mol. Hexose mit 2 Mol. Pentose zur Palmitinsäure oder je 2 Mol. Hexose und Pentose zur Erucasäure (C_{22}) zusammentreten könnten, nicht auch der Zusammenschluß von 1 oder 2 Mol. Hexose mit 1 Mol. Pentose zu den Säuren C_{11} oder C_{17} erfolgen sollte. Ausgehend von der bemerkenswerten Auffindung des α, β-Hexylenaldehyds haben Curtius und Franzen eine andere Theorie der natürlichen Bildung höherer Fettsäuren aufgestellt. Jenen in den grünen Blättern vorkommenden ungesättigten Aldehyd, $C_6H_{10}O = CH_3 \cdot CH_2 \cdot CH_2 \cdot CH : CH \cdot CHO$, denken sie sich durch weitgehende Reduktion einer Hexose entstanden. Sie betrachten ihn selbst oder seine Vorstufe beispielsweise auch als die Muttersubstanz der Capronsäure und nehmen ferner wiederholte Anlagerungen von Glykolaldehyd nebst Reduktionen und Sauerstoffverschiebungen an, wodurch aus dem Hexylenaldehyd Fettsäuren mit paariger C-Zahl hervorgehen könnten. Aber auch diese überaus anziehende Hypothese tsi nicht frei von bestimmten Voraussetzungen, über deren Wahrscheinlichkeit man streiten kann. Zunächst handelt es sich wieder um das Postulat von hinreichend vorhandenem, verwendungsbereitem Glykolaldehyd, dann kommt der Umstand in Betracht, daß der Blätteraldehyd nur in grünen Gewächsen aufzutreten und im Dunkeln (C. u. F. l. c., S. 109) zu verschwinden scheint. Mag die Hexylenaldehydhypothese für die Entstehung der natürlichen Pflanzenfette gelten, die Bildung höherer Fettsäuren bei bakteriellen Prozessen und bei chlorophyllosen Organismen allgemein deutet sie zunächst nicht; denn diesen würde weder der α, β-Hexylen-

---

[1]) E. Fischer, Faraday-Lecture, deutsch bei J. Springer, Monogr. **1908**, S. 11.

aldehyd noch assimilatorisch erzeugtes und zur Kondensation zu Glykolaldehyd[1]) befähigtes Formalin zur Verfügung stehen.

Man darf aber nicht außer acht lassen, daß in der Natur auch Säuren (sowie Alkohole) mit ungrader Kohlenstoffzahl vorkommen und aus Zuckern hervorgehen dürften. In dieser Richtung erklärt nun manches unsere Beobachtung, daß die biologische Aldolisierung schon in der C_3-Reihe, an der Brenztraubensäure, erfolgen kann. Von ihrem Aldol, das auch als Lacton der α-Methyl-α-oxy-α,-ketoglutarsäure aufgefaßt werden kann und erwiesenermaßen der Buttersäuregärung unterliegt, führen Wege zu Körpern sowohl mit gerader als mit ungerader Zahl von C-Atomen. Dieses Verhalten mahnt zugleich zur Vorsicht bei der Aufstellung von Theorien.

Ganz nebenbei sei bemerkt, daß auch durch zahlreiche rein chemische Reaktionen Verbindungen der 3-Kohlenstoffreihe mit hierhin gehörigen Substanzen höheren Molekulargewichtes zusammenhängen. Wir erwähnen nur einige der auffallendsten Umsetzungen.

J. U. Nef[2]) hat gefunden, daß Acetol, Acrolein und Hydracrylaldehyd mit ganz verdünnten Alkalien Crotonaldehyd liefern; dies wird verständlich, wenn man Acetaldehyd als Zwischenstufe annimmt im Sinne der Formulierungen:

$$CH_2OH \cdot CO \cdot CH_3 \longrightarrow CH_2O + COH \cdot CH_3,$$
$$CH_2 : CH \cdot CHO \xrightarrow{OH_2} CH_2O + CH_3 \cdot CHO,$$
$$CH_2OH \cdot CH_2 \cdot CHO \longrightarrow CH_2O + CH_3 \cdot CHO.$$

Mit ähnlichen Dissoziationserscheinungen dürften die vom gleichen Autor beobachteten Übergänge von Glycerinaldehyd und Dioxyaceton in Erythronsäure zu erklären sein. Nach Guerbet[3]) entsteht ferner beim Erhitzen von Äthylalkohol und Bariumäthylat der n-Butylalkohol und aus Butylalkohol und Natriumbutylat der Dibutylalkohol $C_8H_{18}O$. Die Bildung kleiner Mengen von Buttersäure bei Belichtung von Milchsäure in Gegenwart von Quecksilbersalz, die von Duclaux[4]) beschrieben worden ist, wird wohl auch über die Stufen der Brenztraubensäure bzw. des Acetaldehyds erfolgen. Weniger durchsichtig sind die Verhältnisse für die Alkalischmelzen von Lactaten und Glycerin, durch die nach F. Hoppe-Seyler[5])

[1]) Letzterer könnte immerhin bei der Verwendung von Zucker gemäß Neubergs Beobachtungen über Depolymerisation von Kohlenhydraten (Diese Zeitschr. **12**, 337. 1908) aus höheren Zuckern hergeleitet werden. Schwieriger ist dies aber im Falle der Vergärung von Glycerin oder noch mehr bei der von Lactaten.

[2]) J. U. Nef, Ann. **335**, 220, 225, 250, 323, 325. 1904.

[3]) M. Guerbet, Chem. Centralbl. **1901**, II. 621; **1902**, I. 298; **1902**, II. 567.

[4]) E. Duclaux, Bull. de la Soc. chim. **47**, 385. 1887.

[5]) F. Hoppe-Seyler, H. **2**, 14. 1878.

und E. Herter[1]) Buttersäure erzeugt wird, sowie für die trockene Erhitzung von Calciumglycerat, bei der Destrem[2]) Hexenylalkohol, $C_6H_{12}O$, auftreten sah, während die gleiche Verbindung bei der Zinkstaubdestillation[3]) Phoron, $C_9H_{14}O$, liefert, was auch eine fortgesetzte Kondensation zur Voraussetzung hat.

Die mitgeteilten Ergebnisse der von uns vorgenommenen Versuche über die Buttersäuregärung zeigen die Brenztraubensäure wieder in einem neuen Lichte. Nach den bisherigen Feststellungen durfte sie als Muttersubstanz des Acetaldehyds und weiterhin des bei Gärungsvorgängen entstehenden Weingeistes sowie der Essigsäure betrachtet werden. Nunmehr kann sie auch als Vorstufe der Buttersäure gelten[4]). Vom Zucker, vom Glycerin und von der Milchsäure führen in ungezwungener Weise Reaktionen zu dieser so umsetzungsfähigen α-Ketosäure.

Will man sich ergebende Vorstellungen in — selbstredend schematische — Formeln kleiden, so gelangt man für den Teil der Vorgänge, die Butylderivate liefern, zur folgenden einfachsten Umschreibung, bei der insbesondere die zwischen Ausgangsmaterial und Brenztraubensäure liegenden Umwandlungen nicht verzeichnet werden und die Lactonbildung des Brenztraubensäurealdols außer Betracht bleibt:

A. Buttersäuregärung des Zuckers.

$$\alpha)\quad C_6H_{12}O_6 = 2\,CH_3\cdot CO\cdot COOH + 4\,H\,,$$

$$\beta)\quad 2\,CH_3\cdot CO\cdot COOH = \begin{array}{l} CH_3\cdot C(OH)\cdot COOH \\ \quad\;| \\ CH_2\cdot CO\cdot COOH\,, \end{array}$$

$$\gamma)\quad C_6H_8O_6 = 2\,CO_2 + C_4H_8O_2\,.$$

B. Butylalkoholische Zuckerspaltung.

$$\alpha)\quad C_6H_{12}O_6 = 2\,CH_3\cdot CO\cdot COOH + 4\,H\,,$$

$$\beta)\quad 2\,CH_3\cdot CO\cdot COOH = \begin{array}{l} CH_3\cdot C(OH)\cdot COOH \\ \quad\;| \\ CH_2\cdot CO\cdot COOH\,, \end{array}$$

$$\gamma)\quad C_6H_8O_6 + 4\,H = 2\,CO_2 + H_2O + C_4H_{10}O\,.$$

---

1) E. Herter, B. **11**, 1167. 1878.

2) A. Destrem, Ann. de Chim. [5] **27**, 50, 58. 1882.

3) K. E. Schulze, l. c.

4) Ihre allgemeinere Bedeutung für Kernsynthesen erhellt auch aus dem Verhalten gegenüber der Carboligase, dem jüngst von C. Neuberg und J. Hirsch (diese Zeitschr. **115**, 282. 1921) aufgefundenen Kohlenstoffketten knüpfenden Ferment.

C. Buttersäuregärung des Glycerins.

$$\alpha)\ 2\,C_3H_8O_3 = 2\,CH_3\cdot CO\cdot COOH + 8\,H\,,$$
$$\beta)\ 2\,CH_3\cdot CO\cdot COOH = C_6H_8O_6\,,$$
$$\gamma)\ C_6H_8O_6 = 2\,CO_2 + C_4H_8O_2\,.$$

D. Butylalkoholische Gärung des Glycerins.

$$\alpha)\ 2\,C_3H_8O_3 = 2\,CH_3\cdot CO\cdot COOH + 4\,H + 4\,H\,,$$
$$\beta)\ 2\,CH_3\cdot CO\cdot COOH = C_6H_8O_6\,,$$
$$\gamma)\ C_6H_8O_6 + 4\,H = 2\,CO_2 + H_2O + C_4H_{10}O\,.$$

E. Buttersäuregärung der Milchsäure.

$$\alpha)\ 2\,CH_3\cdot CHOH\cdot COOH = 2\,CH_3\cdot CO\cdot COOH + 4\,H\,,$$
$$\beta)\ 2\,C_3H_4O_3 = C_6H_8O_6\,,$$
$$\gamma)\ C_6H_8O_6 = 2\,CO_2 + C_4H_8O_2\,.$$

F. Butylalkoholische Gärung der Milchsäure.

$$\alpha)\ 2\,CH_3\cdot CHOH\cdot COOH = 2\,CH_3\cdot CO\cdot COOH + 4\,H\,,$$
$$\beta)\ 2\,C_3H_4O_3 = C_6H_8O_6\,,$$
$$\gamma)\ C_6H_8O_6 + 4\,H = 2\,CO_2 + H_2O + C_4H_{10}O\,.$$

Die üblichen Nebenprodukte der Butylgärungen sind im Zusammenhange mit den neuen Befunden gleichfalls leicht erklärlich. Alkohol und Essigsäure können ihre Entstehung der Dismutation von Acetaldehyd verdanken, der durch carboxylatische Spaltung der Brenztraubensäure bekanntermaßen hervorgebracht wird; Milchsäure dürfte vom Brenztraubenaldehyd, dem Methylglyoxal, herstammen. Auch die Bildung von Ameisensäure (s. S. 289, 298 u. 304) wird verständlich. Die gasförmigen Erzeugnisse der Buttersäuregärung sind Kohlendioxyd und Wasserstoff. Wenn Brenztraubensäure oder ihr Aldol zu Stoffen der C_4-Reihe werden, so muß sich CO_2 ablösen. Das Grundschema dafür ist die typische Carboxylasewirkung. Der Oxydationshub auf die Pyruvinatstufe muß, da er ohne Mitwirkung des atmosphärischen Sauerstoffs geleistet wird, irgendwie Wasserstoff zur Verfügung stellen. Während nun bei der gewöhnlichen alkoholischen Zuckerspaltung dieser beweglich gemachte Wasserstoff in letzter Linie zur Reduktion des beim Brenztraubensäurezerfall gebildeten Acetaldehyds dient, demnach entsprechend zur Dehydrierung verbraucht wird, ist ihm eine solche Betätigungsmöglichkeit im Falle der Buttersäuregärung infolge der einsetzenden „Saccharinumlagerung“ (s. S. 276) verwehrt. Letztere schafft aus der Carbonylverbindung (vom Aldoltypus) durch die Sauerstoffwanderung eine gesättigte Fettsäure, also eine Substanz, die nicht mehr als H-Acceptor dienen kann. Infolgedessen muß der frei gewordene Wasserstoff in elementarer Gestalt entweichen: „Wasserstoffgärung." Ein Teil kann natürlich — zumal im atomaren Entstehungszustande — weitergehende Desoxydationen veranlassen[1]) und so den Butylalkohol und fernerhin höhere Fettsäuren aus den Aldolen usw., außerdem Ameisensäure aus Kohlendioxyd hervorbringen. In diesen wechselseitigen Zusammenhängen dürfte es auch begründet sein, daß keine scharfe stöchiometrische Beziehung zwischen den einzelnen Gärungserzeugnissen zu erkennen ist. Wasserstoff kann andererseits auch durch Zerfall von Ameisensäure entstehen, und so wird das von den Idealgleichungen geforderte Mengenverhältnis der Reaktionsprodukte ersichtlich von vielen Faktoren abhängig.

Nach ihren wesentlichen Grundzügen steht aber die Butylgärung anderen bereits genauer erkannten Arten biochemischer Zuckerspaltungen nahe; die Buttersäuregärung ist gewissermaßen eine **vierte Vergärungsform.**

Als erste Vergärungsform bezeichnen wir die übliche alkoholische Zuckerspaltung; bei ihr wird durch intermediäre Oxydation als Zwischenstufe Brenztraubensäure gebildet, deren carboxylatisches Zerfallsprodukt Acetaldehyd dann korrelative Reduktion zum Weingeist erfährt, während die Carboxylase zugleich die Gärungskohlensäure bereitstellt.

Die zweite Vergärungsform ist in der Acetaldehyd-Glycerin-Zerlegung des Zuckers gegeben. Man erzielt sie, wie C. Neuberg mit E. Färber und E. Reinfurth[2]) dargetan haben, wenn der aus der Brenztraubensäure neben CO_2 hervorgegangene Acetaldehyd durch ein „Abfangmittel" gefesselt und vor weiterer Hydrierung zum Äthylalkohol geschützt wird. Der reduktive Ausgleich erfolgt dann durch Anlagerung von Wasserstoff an einen Zuckerrest und ergibt das Glycerin im Gegenwertsverhältnis zu dem Acetaldehyd und der Kohlensäure:

$$C_6H_{12}O_6 = CH_3 \cdot COH + CO_2 + C_3H_8O_3\,.$$

Zur dritten Vergärungsform gelangte man mit Hilfe des Dismutationsverfahrens, das von C. Neuberg und J. Hirsch[3]) aufgefunden ist; sie wird ausgedrückt durch die Gleichung: $2\,C_6H_{12}O_6 + H_2O$

[1]) Über eine biologische Reduktion einer Carbonylgruppe zum Methylenrest vgl. F. Knoop und R. Oeser, H. **89**, 144. 1914.

[2]) C. Neuberg und E. Färber, diese Zeitschr. **78**, 238. 1916; C. Neuberg und E. Reinfurth, diese Zeitschr. **89**, 365 und **92**, 234. 1918.

[3]) C. Neuberg und J. Hirsch, diese Zeitschr. **96**, 175; **100**, 304. 1919; C. Neuberg, E. Reinfurth und J. Hirsch, diese Zeitschr. **105**, 307. 1920.

$= CH_3 \cdot COOH + C_2H_5OH + 2\,CO_2 + 2\,C_3H_8O_3$. In Anwesenheit von Salzen, die keine spezifische Bindekraft für Acetaldehyd besitzen, werden nämlich je 2 Mol. dieses durch Decarboxylierung von Brenztraubensäure erzeugten Körpers in Essigsäure und Sprit umgelagert, während wiederum im Glycerin das vollkommene Reduktionsäquivalent für die erfolgte Oxydation zur Stufe der Brenztraubensäure bzw. des Acetaldehyds zugegen ist, wenigstens bei entsprechender Umsetzung des Zuckers durch Hefen. Ein etwas anderer Typus liegt bei den Gärungen unter dem Einflusse der Bakterien aus der Coli-Dysenterie-Gruppe vor; bei ihnen entstehen Alkohol und Essigsäure wohl auch auf dem Wege der Dismutation, während der „Gärungswasserstoff" keinen Empfänger findet, sondern sich in molekularem Zustande gasförmig verflüchtigt.

Hinzu tritt nun als vierte Umwandlungsart die Grundform der bei der Buttersäuregärung sich abspielenden Umsetzungen (s. S. 282). Der Abbau dürfte auch hier über das Glied der Brenztraubensäure stattfinden. Der Teilvorgang, der Essigsäure und Äthylalkohol liefert, führt über die Brenztraubensäure hinaus und hat die Dismutation des carboxylatisch erzeugten Acetaldehyds zur Folge. Die Verkettung scheint dagegen schon auf der Brenztraubensäurestufe[1]) einzusetzen. Die Ketosäure kondensiert sich zu ihrem Aldol, und eine Saccharinumlagerung am Produkte seiner einmaligen und zweimaligen Decarboxylierung[2]) ergibt die Buttersäure. Diese Substanz stellt keinen funktionstüchtigen Acceptor für den „Gärungswasserstoff" mehr dar, so daß er nicht fixiert, sondern als solcher in Freiheit gesetzt wird.

Demnach beschreitet die Natur in den Grundzügen denselben Weg bei den wichtigsten biochemischen Abbaureaktionen der Kohlenhydrate. Nur der Schlußakt ist je nach den Lebensbedürfnissen der einzelnen Organismen verschieden.

Experimentelles.

Wie bereits erwähnt, diente als Erreger bei den Untersuchungen über die Zwischenstufen der Buttersäurebildung und die sich anschließenden Fragen der Bacillus butylicus Fitz, der außer

[1]) Damit soll nicht gesagt sein, daß nicht bestimmte Organismen auch den Acetaldehyd selbst aldolisieren oder zu „Benzoinkondensationen" verwenden können. Siehe C. Neuberg und J. Hirsch, diese Zeitschr. **115**, 307. 1921; vgl. auch P. Lindners Untersuchungen über die Frage der Fettbildung aus Alkohol, Zeitschr. f. techn. Biolog. **7**, 68 und 79.

[2]) Bezüglich eines anderen Umwandlungsmechanismus siehe vorher S. 277.

von seinem Entdecker namentlich von O. Emmerling (l. c.) eingehend untersucht worden ist. Durch die Güte des Herrn Professor Emmerling gelangten wir in den Besitz einer Kultur dieses Mikroorganismus; er stammt ursprünglich aus dem Elsaß. Herrn Professor Ficker und Fräulein Köster sind wir für die dauernde Kontrolle der Reinheit zu Dank verpflichtet.

Neben dem Bacillus butylicus Fitz kam noch ein anderes Buttersäurebacterium zur Anwendung, das wir vom Institut für Gärungsgewerbe in Berlin bezogen haben. Es gehört hinsichtlich seiner Züchtungs- und Gestaltverhältnisse offenbar in die Klasse des Amylobacter, während der Bacillus butylicus Fitz nach seinen morphologischen und kulturellen Eigenschaften, wie uns Herr Professor Ficker mitteilte, dem B. coli näher steht[1]).

Die in ihren allgemeinen Ergebnissen zuvor gewürdigten Tatsachen wurden mit dem Fitzschen Bacillus beobachtet. Von einer ausgiebigen Benutzung des anderen Erregers nahmen wir Abstand. Denn erstens gedieh er nicht recht (s. S. 295) in peptonfreien Lösungen, ein Umstand, der die Herkunft von Buttersäure aus Eiweißabkömmlingen nicht mit voller Sicherheit auszuschließen gestattete; dann zeigte er ein eigentümliches Verhalten bei der Kultivierung in Gegenwart schwefligsaurer Salze. Er erzeugte nämlich unter den Bedingungen, bei denen noch ein Wachstum zu erzielen war, aus verschieden konzentrierten Sulfitlösungen durch weitgehende Desoxydation stets Schwefelwasserstoff, einerlei ob lösliches Dinatriumsulfit oder unlöslicher schwefligsaurer Kalk zur Anwendung gelangte. Die hydrierende Kraft des Fitzschen Bacillus kann ebenfalls dazu führen daß in Flüssigkeiten mit einem Gehalt von weniger als 1% Dinatriumsulfit Schwefelwasserstoff auftritt, aber bei den durchaus brauchbaren höheren Konzentrationen von 2—2,5% an schwefligsaurem Salz unterbleibt diese Reduktion vollkommen. Bei dem anderen Erreger war die H_2S-Entwicklung nicht zu unterdrücken, auch nicht bei dem maximal ertragenen

[1]) Es sei jedoch erwähnt, daß G. Bredemann (l. c.) den bac. butylicus Fitz zur Klasse Amylobacter zu zählen geneigt ist. Dabei ist in Betracht zu ziehen, daß sowohl A. Schattenfroh und R. Graßberger (l. c.) als Bredemann, welche diesen Zweig von Mikroorganismen recht eingehend erforscht haben, auf die bedeutende Variabilität hinweisen, die dieser Gruppe von Erregern in den Wachstumsformen wie im Chemismus eigen ist.

Gehalte von 1,5% Na_2SO_3; Acetaldehyd wurde hier außerdem nur spärlich manifest, und hinzu kam, daß infolge von Vergiftung der Prozeß nach kurzer Zeit überhaupt still stand.

Aus dem folgenden ergibt sich, welch eine bedeutende Anzahl zeitraubender Vorversuche erforderlich war, bevor die für unsere Fragestellungen geeigneten Bedingungen befriedigende Erfüllung fanden.

A. Die benutzte mineralische Nährlösung (m. N.).

Die m. N. hatte durchgängig, wenn nichts anderes vermerkt ist, die Zusammensetzung:

1000 ccm Leitungswasser,
1,00 g Dikaliumphosphat,
0,30 g Magnesiumsulfat kryst.,
0,02 g Natriumchlorid,
0,01 g Ferrosulfat kryst.,
0,01 g Manganosulfat kryst. und
0,50 g Ammoniumsulfat als Stickstoffquelle.

B. Prüfung der Eignung und Eigenheiten des Bacillus butylicus Fitzianus als Erreger der Butylgärungen.

Von einer Reinkultur des Bacillus auf Traubenzucker-Schräg-Agar überimpften wir mittels Platinöse in große, an drei aufeinander folgenden Tagen im Dampftopfe sterilisierte Reagensgläser, und zwar auf nachstehende Substrate:

1. 2proz. Lösung reinsten Traubenzuckers in m. N.,
2. desgleichen unter Zusatz von Calciumcarbonat,
3. 2proz. Lösung von Glycerin in m. N.,
4. ebenso mit Kreide als Bodenkörper.

Bei einer Brutschranktemperatur von 36° zeigten die Glucoseröhrchen 1 und 2 nach 24 Stunden Gärung, die jedoch bei 1 schwach und am darauf folgenden Tage nicht mehr wahrnehmbar war, obgleich eine Probe mit Fehlingscher Lösung reichlich unvergorenen Zucker erkennen ließ. In Röhrchen 2 bemerkte man noch nach 5 Tagen ununterbrochenes Aufsteigen von Gasblasen, und der Glucosegehalt hatte dementsprechend bereits stark abgenommen. Die Dextrosemenge betrug dann nur noch 0,6% (gegen 2% zu Versuchsbeginn).

Die Glycerinröhrchen wiesen keine Gasentwicklung auf, wohl aber Trübung der Flüssigkeit infolge Wachstums des Bacteriums.

C. Die Vornahme der gleichen Versuche bei anaeroben Bedingungen (unter einer evakuierten Gasglocke in Gegenwart alkalischer Pyrogallollösung) führte zu keiner Abweichung von dem oben beschriebenen Verhalten der gewöhnlichen zuckerhaltigen Kultur-Röhrchen. Zumeist unterblieben daher weiterhin besondere Maßnahmen zur Fernhaltung der Luft. Erneute Gäransätze mit Glycerin hatten bei vielfach variierten Bedingungen wiederum keinen Erfolg.

D. Buttersäurenachweis.

Die keimfreie Lösung von 4 g Dextrose in 200 ccm m. N. mit 3 g Calciumcarbonat wurde mit 2 ccm steril dem zuvor erwähnten Gärröhrchen Nr. 2 entnommener flüssiger Bakterienkultur versetzt. Die Gärung war bereits am nächsten Morgen im Gange. Der Kolben wurde nach einer Woche zum Zwecke des Nachweises von Buttersäure aufgearbeitet, ohne daß aller Zucker vollständig verbraucht gewesen wäre. Nach kurzem Aufkochen des gesamten Kolbeninhalts wurden 150 ccm abfiltriert, mit verdünnter Schwefelsäure bis zur Reaktion auf Kongopapier angesäuert und mit Wasserdampf am absteigenden Liebig- und Schlangenkühler, die miteinander verbunden waren, von flüchtiger Säure befreit. Es wurden 2500 ccm Destillat aufgefangen, zu deren Neutralisation 11,69 ccm n-Natronlauge erforderlich waren. Diese Menge entspricht bei der Berechnung als Buttersäure: $\frac{11{,}69 \cdot 88}{1000} = 1{,}029$ g. Da in den verarbeiteten 150 ccm Gärgut 3 g Dextrose enthalten gewesen waren, so ergibt sich eine prozentische Ausbeute an Säure von $\frac{1{,}029 \cdot 100}{3} = 34{,}3\%$ des angewendeten Zuckers.

2200 ccm des Destillates wurden sodann mit reinster Natronlauge übersättigt, bis zu einem kleinen Volumen auf dem Wasserbade eingedampft, zur vollständigen Neutralisation des Alkaliüberschusses mit CO_2 behandelt, darauf zur Trockne gebracht und dreimal mit je 30 ccm abs. Alkohol auf dem Wasserbade extrahiert. Die Auszüge wurden durch ein Filter gegossen, die auf ihm zurückgebliebenen Salzmassen gründlich mit heißem Weingeist ausgewaschen, so daß sich alles fettsaure Natron im alkoholischen Filtrat befand. Nunmehr wurde das Solvens verjagt und der beim Abkühlen entstandene Brei weißer Krystalle abgenutscht; dieselben wurden in wenig Wasser aufgenommen und unter Eiskühlung und Schutz vor direktem Tageslicht mit einer konzentrierten Lösung von 1,7 g $AgNO_3$ gefällt; der Niederschlag wurde sofort abgesaugt und im Dunkelexsiccator getrocknet, während das Filtrat, das die Waschwässer sowie den zur schnellen Entwässerung benutzten Sprit enthielt, sich bald dunkel färbte, was auf Anwesenheit von Ameisensäure schließen ließ.

Analyse des Silbersalzes. 0,2161 g gaben 0,1214 g = 56,17% Ag.
Ber. für Silberbutyrat 55,38% Ag.
Ber. für Silberacetat 64,66% Ag.

Es lag also zum ganz überwiegenden Teile das Salz der Buttersäure vor.

E. Bei fortgesetzter Überimpfung unseres Erregers aus gärender Glucoselösung in dasselbe Nährmedium

(s. oben) und ebenso bei gleichen Ansätzen mit auf Zuckeragarplatten weitergezüchteten Kolonien machten wir die auch sonst angegebene Erfahrung, daß die Gärkraft des Bacillus sehr bald erheblich nachließ. Versuch Nr. 139 z. B., der ganz analog dem Versuch 2 (S. 287) vorgenommen war, ergab 3 Monate später, daß der Erreger innerhalb 9 Tagen nur noch 40% des zugefügten Kohlenhydrats überhaupt anzugreifen vermochte.

F. Erhaltung konstanten Gärungsvermögens.

Weiterhin wurde folgendes ermittelt:

α) Glucose, Rohrzucker, Invertzucker, Maltose und Stärkesirup, nicht aber Kartoffelstärke, können in zwei- bis dreiprozentiger Lösung in 3 oder 4 Wochen vom Erreger in gärtüchtigem Zustande zu Ende vergoren werden.

β) Ein Gehalt an Pepton von 1‰ beschleunigt etwas das Wachstum und den Eintritt der Vergärung; aber jene organische Stickstoffquelle ist bei keinem der erwähnten Zucker für die Umsetzung unerläßlich.

γ) Die wechselseitige Überimpfung aus einer peptonhaltigen 2proz. Maltoselösung in 2proz. Glucoselösung ohne oder mit Pepton oder in eine Lösung von Stärkesirup von entsprechender Konzentration hielt Wachstum und Gärfähigkeit dauernd auf der Höhe.

Auch Grimbert (l. c.) hat eine ähnliche Erfahrung bei von ihm benutzten Erregern anderer Art gemacht in bezug auf den günstigen Einfluß sich ablösender Züchtungen auf Dextrose-, Glycerin- und Inulinnährböden.

Nach unseren Feststellungen für den Bac. butylicus Fitz verfuhren wir daher so, daß wir für die meisten Versuche aus einer flüssigen Reinkultur in 2proz. Maltoselösung, die außer der notwendigen Kreide 1‰ Pepton enthielt, auf die Lösungen von Traubenzucker in der mineralischen Nährflüssigkeit aussäten.

G. Abfangung von Acetaldehyd bei der Butylgärung.

Die Ansätze wurden teils mit Dinatriumsulfit, teils mit frisch gefälltem Calciumsulfit gemacht. Die genauen Angaben über die jeweiligen Mengenverhältnisse finden sich bei den einzelnen Versuchen.

Die qualitative Probe auf fixierten Acetaldehyd wurde in wenigen ccm des steril dem Gärkolben entnommenen Inhalts mittels Nitroprussidnatrium und 3proz. Piperidinlösung angestellt. Da das Ergebnis infolge des sich manchmal entwickelnden Schwefelwasserstoffes bei direkter Prüfung nicht deutlich ist, so wurden 5—20 ccm nach einer an das quantitative Bestimmungsverfahren (s. unten) sich anlehnenden Methode (nach Ausfällung überschüssigen Sulfits durch Bariumchlorid sowie zur Bindung des H_2S unter Zugabe von etwas Bleiacetat und stets mit $CaCO_3$) aus einem kleinen Kölbchen destilliert und das Übergehende in einem eisgekühlten Reagensglase mit etwa 1 ccm verd. Alkohol aufgefangen. Es gelang so auch dort, wo die Proben mit dem Gärgut selbst unsicher gewesen wären, eine klare Entscheidung herbeizuführen.

Die Identifizierung und quantitative Bestimmung des Acetaldehyds erfolgten nach den von Neuberg und Reinfurth[1]) ausgearbeiteten Methoden. Die Ausbeuten sind stets als g Aldehyd pro 100 ccm Gärgut angegeben; in letzterem waren ursprünglich 2 g Traubenzucker vorhanden, so daß der auf Glukose bezogene prozentische Ertrag durch Multiplikation mit 50 gefunden wird.

1. Versuchsreihe.

Zu den Versuchen 133 und 134 wurden die Natriumsulfit- und die Glucose-Nährsalz-Lösung jede für sich sterilisiert, letztere

---

[1]) C. Neuberg und E. Reinfurth, diese Zeitschr. **89**, 390. 1918; **106**, 281. 1920.

dreimal im strömenden Dampf, erstere durch einmaliges Kochen unter Luftabschluß. Die Mengen waren so bemessen, daß nach dem Zusammengießen das Volumen 100 ccm betrug. Der Zusatz des sekundären schwefligsauren Natriums geschah bei Nr. 133 und 134 vor der Impfung, bei Nr. 135 am Tage nach der Aussaat, während das Calciumsulfit in den Ansätzen 136—138 mit der Kulturflüssigkeit zusammen sterilisiert wurde. Jeder Kolben erhielt sodann 2 g durch Erhitzen auf 180° keimfrei gemachtes Calciumcarbonat für je 100 ccm Nährlösung. Die Impfung wurde schließlich mit 1 ccm flüssiger Reinkultur (s. vorher S. 290) pro 100 ccm des Gemisches vorgenommen.

Tabelle I.

Nr.	Gehalt	Abfangmittel	Acetaldehydreaktion am			Aldehydmenge am 11. Tage in 100 ccm g
			3. Tage	5. Tage	8. Tage	
133	2 g Glucose in 100 ccm m. N.	0,58 g Na_2SO_3	schwach	schwach	negativ	0
134	desgl.	1,74 g Na_2SO_3	positiv	stark positiv	etwas schwäch.	0,0704
135	desgl.	1,16 g Na_2SO_3	"	positiv	stark positiv	0,0665
136	desgl.	1,25 g $CaSO_3$	negativ	negativ	negativ	0
137	desgl.	3,75 g $CaSO_3$	"	"	"	0
138	10 g Glucose in 500 ccm m. N.	7,5 g $CaSO_3$	"	"	—	0

Bemerkungen: Wachstum (zunehmende Trübung der Flüssigkeit) sowie Gasentwicklung waren in Gefäß 133 und 134 am Tage nach der Impfung kaum wahrnehmbar; Ansatz 135, noch ohne Sulfit, gor sehr stark. In den Calciumsulfitkolben trat vom zweiten Tage an bei recht lebhafter Gärung Schwefelwasserstoff auf, der durch den Wattebauschverschluß hindurch am Geruch sowie durch die Reaktion mit Bleisalz erkannt wurde; vom vierten Tage ab ließ die Gärung beträchtlich nach und hörte bald ganz auf, während der reichlich vorhandene Bodenkörper sich deutlich dunkelgrau färbte (ausgeschiedenes Schwefeleisen).

Auch der Natriumsulfitkolben Nr. 133 mit der geringen Konzentration (von 0,58 g Natriumsulfit) zeigte vom dritten Tage ab deutliche Schwefelwasserstoffentwicklung, die gleichfalls zur Dunkelfärbung des Inhaltes führte. Etwa vom selben Zeitpunkte an nahm der Acetaldehydgehalt wieder ab. Im Kolben 134 wurde kein H_2S beobachtet, während kleine Mengen dieses Gases im Gefäß 135 aufstiegen.

Zu den quantitativen Aldehydbestimmungen, bei denen natürlich gleichfalls Bleiacetat angewendet wurde, dienten je 50,0 ccm des ursprünglichen Gärgutes. Am zehnten Tage aus den Ansätzen Nr. 133, 136 und 138 auf Zucker-Agar-Platten gemachte Ausstriche ergaben Abwesenheit von wachstumsfähigen Keimen, während 135 als lebende Reinkultur des Bac. but. erwiesen wurde. Demnach scheint eine andauernde starke Schwefelwasserstoffbildung dem Erreger unzuträglich zu sein.

2. Versuchsreihe.

Je 600 ccm m. N. mit 10 g Kreide und 15 g Traubenzucker (bei Nr. 148 nach Zugabe auch von 5 g Pepton) waren sterilisiert beimpft und zwei Tage später mit Sulfit versetzt, und zwar bei Nr. 148 und 149 mit 15 g Na_2SO_3 in 150 ccm H_2O sowie bei Nr. 150 mit 7,5 g Na_2SO_3 in 150 ccm H_2O. Die Aldehydbestimmungen erfolgten hier mit je 100 ccm Gärgut.

Tabelle II.

Nr.	Inhalt	Acetaldehyd in 100 ccm am			
		4. Tage g	6. Tage g	10. Tage g	32. Tage g
148	750 ccm mit 2% Dextr. und 2% Na_2SO_3 sowie 0,66% Pepton	0,0465	verunglückt	0,0953	0,0543
149	750 ccm mit 2% Dextr. und 2% Na_2SO_3 (kein Pepton)	0,0141	0,0210	0,0257	0,0498
150	750 ccm mit 2% Dextr. und 1% Na_2SO_3 (kein Pepton)	0,0128	0,0174	0	0

Eine reduzierende Wirkung gegenüber dem schwefligsauren Salz machte sich nur bei dem sulfitärmsten Kolben Nr. 150 bemerkbar, dessen Bodensatz am 10. Tage ganz geschwärzt war. Ein Ausstrich auf Traubenzuckeragar zeigte die Sterilität der Probe an. In Nr. 148 und 149 waren noch am 32. Tage die Keime nicht durch fremde Erreger verunreinigt und wachstumsfähig. Der Aldehydgehalt in Nr. 148 war zum Schlusse geringer als am 10. Tage. (Vgl. S. 293.) Ansatz 149 hatte möglicherweise gleichfalls einen Gipfelpunkt zwischen dem 10. und 32. Tag, wo eine Prüfung Laboratoriumsschlusses halber hatte unterbleiben müssen.

Bei Zugabe des Dinatriumsulfits zu den drei Kolben entstand etwas $CaSO_3$ infolge Umsetzung mit dem bis dahin (d. h. innerhalb 48 Stunden) erzeugten löslichen fettsauren Calcium. Trotzdem war eine Bildung von H_2S in den Gefäßen Nr. 148 und 149 nicht nachweisbar, so daß sein Auftreten offenbar hauptsächlich von der Konzentration der Sulfitionen in der Flüssigkeit und weniger von der Natur der Base abhängt. Allerdings ist bekannt[1]), daß auch lösliche Alkalisulfate durch rein chemische Mittel schwerer reduziert werden als unlösliche schwefelsaure Erdalkalien.

[1]) Siehe Gmelin-Kraut, Band 2, Abt. 1, S. 54, 324; Abt. 2, S. 33, 218, 233.

3. Versuchsreihe.

Je 800 ccm m. N. wurden mit 10 g Kreide sowie 20 g Dextrose beschickt und nach Sterilisation mit einer aufgekochten Lösung von 20 bzw. 25 g Na_2SO_3 in je 200 ccm m. N. versetzt. Alsdann wurde mit je 10 ccm einer Reinkultur in 2proz. Maltoselösung geimpft. Obgleich sich in Versuch Nr. 148 (Tabelle II) die Beigabe von Pepton als günstig erwiesen hatte, nahmen wir bei den Ansätzen Nr. 181 und 182 davon Abstand, um bezüglich der Aldehydabstammung ein in jeder Hinsicht unanfechtbares Resultat zu haben. Die Kolben zeigten vom zweiten Tage an Wachstum sowie Auftreten von Acetaldehyd.

Tabelle III.

Nr.	Inhalt der Gärgefäße bei ca. 12 cm hoher Schicht	Acetaldehyd in 100 ccm am							
		4. Tage g	7. Tage g	9. Tage g	10. Tage g	11. Tage g	13. Tage g	18. Tage g	25. Tage g
181	1000 ccm m. N. mit 2% Na_2SO_3 und 2% Traubenzucker	0,0746	0,1083	0,1378	—	0,1557	0,1567	0,1447	0,1279
182	1000 ccm m. N. mit 2,5% Na_2SO_3 und 2% Traubenzucker	0,0481	0,1353	—	0,1790	—	0,1956	0,1752	0,1508

Schwefelwasserstoff wurde nicht beobachtet. Die Aldehydbestimmungen erfolgten nach der Destillations-Titrations-Methode mit je 100 ccm Gärgut.

Eine Übersicht über das Verhalten gibt folgende Darstellung in Kurven.

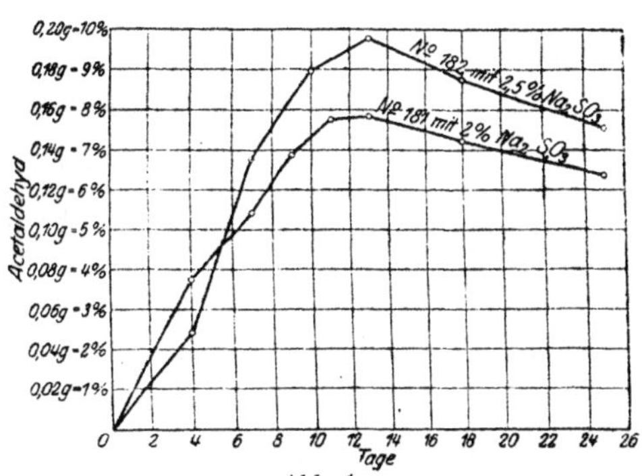

Abb. 1.

Somit konnten wir bei der Umsetzung des Zuckers durch die Buttersäurebacillen in rein mineralischer Lösung bis rund **10% Acetaldehyd** mit Hilfe des Abfangverfahrens festlegen.

H. Abfangversuch unter anaeroben Bedingungen.

Nr. 184. 200 ccm m. N. mit 2 g Kreide, 2 g Glucose und 5 g Na_2SO_3 wurden mit dem Bacillus beimpft; die Luft in und über der Flüssigkeit war durch Wasserstoffgas verdrängt und dauernd ferngehalten (Quecksilberverschluß). Das Wachstum gestaltete sich vom vierten Tage an merklich. Bereits am neunten Tage wurde der Ansatz aufgearbeitet und ergab einen Gehalt von 3,9% des angewendeten Zuckers an Acetaldehyd.

Nr. 192. Dieser Abfangversuch wurde mit Stärkesirup ausgeführt, dessen Zuckergehalt zu 85% ermittelt worden war. Die benutzte Mischung war in bezug auf Hexose 2prozentig, und 2,5prozentig an sekundärem schwefligsauren Natrium.

Tabelle IV.

Zusammensetzung	Acetaldehyd in 100 ccm am 11. Tage g	12. Tage g	14. Tage g	18. Tage g
1000 ccm m. N. mit 2% Hexose und 2,5% Na_2SO_3	vorhanden	0,1473	0,1545	0,1588

Am 11. Tage war die Bakterienentwicklung deutlich; am 18. Tage, d. h. beim Abbruche des Versuches, wurde die Kultur rein befunden.

Bemühungen, die Sulfitmenge über 2,5% zu steigern, blieben ergebnislos wegen der Unfähigkeit des Bacillus, die damit einhergehende Schädigung zu überwinden; die Mikroorganismen gingen zugrunde.

I. Versuche mit dem Amylobacter.

a) Ansätze mit dem Originalstamm.

Wie sich im folgenden zeigt, hatte dieser Erreger zunächst nicht die Fähigkeit, Lösungen, die frei von organisch gebundenem Stickstoff waren, zu vergären. Dagegen setzte er Zucker, Stärkesirup und auch Kartoffelstärke in Lösungen, die 0,5% Pepton oder 5% Hefeautolysat enthielten, in erheblich schnellerer Zeit um als der Bacillus but. fitzianus. Die optimale Temperatur war 34 bis 35°.

Auch in Gegenwart von Calciumsulfit griff er zwar die Kohlenhydrate kräftig an, aber er entwickelte zugleich massenhaft H_2S, und die Gärung versiegte nach 2—3 Tagen fast vollständig.

Schon die geringe Konzentration von 0,5% Natriumsulfit hinderte jedes Wachstum, einerlei ob die Lösungen damit vor der Impfung oder nach Angärung versetzt wurden. Das Verhalten war unter anaeroben Bedingungen das gleiche.

b) Ansätze mit dem aufgefrischten Erreger.

Wir beschritten nun den von Bredemann vorgezeichneten Weg zur Regeneration des Bacillus.

Er gehörte in die Klasse Amylobacter, und zwar zu den nicht streng luftscheuen Vertretern, indem er bei aerob eingeleitetem Gärprozeß infolge Verdrängung gelöster atmosphärischer Gase durch Eigenerzeugung von Kohlendioxyd und Wasserstoff sich selbst bis zu einem gewissen Grade eine sauerstofffreie Umgebung schafft. Trotzdem machten wir die Beobachtung, daß die Anwendung unmittelbar zuvor ausgekochter Nährlösungen von günstigem Einflusse auf die Entwicklung war. Die Gruppe Amylobacter vergärt, frisch herangezüchtet, auch stickstofflose Medien, indem recht erhebliche Mengen N_2 aus der Luft gebunden werden. Die Fähigkeit hierzu geht bei der fortgesetzten Kultivierung auf künstlichen Medien vielfach verloren ebenso wie das Vermögen, Nährböden mit gebundenem anorganischen Stickstoff auszunutzen. Diese Eigenschaft wird jedoch wiedererlangt, wenn man ein Röhrchen mit fein gepulverter Gartenerde füllt, mehrfach sterilisiert, sodann die wässerige Aufschwemmung einer Reinkultur des Bacillus (auf Zucker-Agar) hineingibt und den ursprünglich feuchten Gefäßinhalt unter Verschluß mit einem sterilen Wattebausch bei Zimmertemperatur in 2 oder 3 Monaten eintrocknen läßt. Eine erneute Herauszüchtung des Bacillus aus solchen Erdröhren läßt die Kraft zur Stickstoffassimilation neu erstehen und stärkt zugleich sowohl das Wachstum als die Gärtüchtigkeit.

Nachdem wir unseren Erreger dieser Behandlung unterworfen hatten, glückte uns zwar weder die Vergärung von stickstofffreien Kulturflüssigkeiten noch von irgendwelchen Glycerinnährböden, wohl aber erreichten wir eine begrenzte Umsetzung bei peptonfreien Lösungen, ferner einen verstärkten Zuckerverbrauch in Hefeautolysat oder peptonhaltigen Mischungen, so daß die Glucose hier manchmal bereits nach 6 Tagen verschwunden war, und schließlich gelang uns auch die Vergärung in Gegenwart von Natriumsulfit, die allerdings bald wieder zum Stillstande kam.

Eine solche Kultur wurde mittels Platinnadel (Agarstichzüchtung) in folgende Ansätze eingesät: 400 ccm m. N. inkl. 4 g Kreide, 0,4 g Pepton und 8 g Dextrose. Das Sulfit war bei Nr. 210 am Tage nach der Impfung, in den übrigen Versuchen vor derselben hinzugefügt worden.

Tabelle V.

Nr.	Na_2SO_3 %	Beginn sichtbarer Gärung nach	Proben auf Acetaldehyd nach		
210	1	24 Stunden (dann Sulfitzugabe)	2 Tagen negativ	5 Tagen negativ	9 Tagen negativ
211	1	3 Tagen	3 Tagen Spuren	6 Tagen Spuren	9 Tagen negativ
214	1	2 Tagen	3 Tagen positiv	7 Tagen negativ	—
215	1,5	3 Tagen	3 Tagen positiv	7 Tagen positiv	—

Die Reduktion des Sulfits zu Schwefelwasserstoff setzte am kräftigsten in Kolben 210 ein, und zwar schon 3 Stunden nach der Zumischung. Hier wie bei Nr. 211 war die an sich schwache Gärung ungefähr nach einer Woche erloschen.

Im Versuch 214 und 215 schien die Schädigung durch das schwefligsaure Salz nach 2 bzw. 3 Tagen überwunden zu sein. Die Schwefelwasserstoffentwicklung war wiederum (vgl. S. 292) in dem Kolben mit der größeren Na_2SO_3-Konzentration erheblich schwächer. Die Aldehydreaktionen waren recht deutlich. In beiden Ansätzen hörte die Gärung nach 9 Tagen auf. In allen 4 Kolben war mit Ostscher Lösung nach Beseitigung von Sulfid und schwefligsaurem Salz noch sehr reichlich Zucker nachweisbar. Die Menge des qualitativ einwandfrei festgestellten Acetaldehyds reichte zur quantitativen Bestimmung nicht aus. Bei höheren Sulfitkonzentrationen, durch die wir eine Steigerung der Aldehydausbeute zu erzielen hofften, gelang es uns nicht, eine Vergärung herbeizuführen.

Grundsätzlich unterscheiden sich somit die beiden Buttersäurebildner, der Amylobacter und der Bac. but. Fitz, nicht hinsichtlich der Fähigkeit, Acetaldehyd aus Zucker zu bilden.

K. Ansätze mit Brenztraubensäure.

a) Vorversuche.

4 breite Reagensgläser, die je 1 g Calciumcarbonat sowie 0,1 g Pepton-Witte in 20 ccm m. N. enthielten und sterilisiert waren, wurden folgendermaßen mit wasserfreier, frisch destillierter Brenztraubensäure beschickt:

1. mit 0,16 ccm = rund 1%,
2. desgleichen,
3. mit 0,08 ccm = ca. 0,5% und
4. mit 0,05 ccm = etwa 0,3%.

Nach 3 Stunden, in denen die Säure neutralisiert war, wurden Nr. 1, 3 und 4 mit einer flüssigen Reinkultur des Bac. but. Fitz besät, während 2 als Kontrolle unbeimpft blieb und samt den übrigen Proben in den Brutschrank kam. Die Gärung in 3 und 4 war bereits am folgenden Tage und in 1 nach 48 Stunden eingetreten, während Röhrchen 2 dauernd unverändert blieb.

b) Versuch in größerem Maßstabe.

3 l m. N. mit 7,5 g Pepton wurden sterilisiert, mit 50 g keimfreier Kreide und nach Abkühlung mit ca. 15,0 ccm = 19,32 g frisch fraktionierter reiner Brenztraubensäure versetzt. Die Umwandlung zum Calciumpyruvinat wurde durch häufiges Schütteln befördert. Nach 14 Stunden erfolgte Impfung durch 5 ccm einer Reinkultur des Bac. butyl. Fitz in 0,5proz. Pyruvinatlösung. Bereits am Morgen des folgenden Tages war die Gasentwicklung erheblich und am 6. Tage keine Brenztraubensäure mehr nachweisbar. 2700 ccm wurden alsdann von unverbrauchtem kohlensaurem Kalk abfiltriert, und von der neutral reagierenden Flüssigkeit wurden 1800 ccm abdestilliert. Der Rückstand wurde auf dem Wasserbade bis zur Sirupkonsistenz eingedickt.

In dem durch Anreicherung auf 100 ccm gebrachten Destillate waren weder Alkohole noch Aldehyd (oder Aceton) nachweisbar. Der soeben erwähnte Rückstand wurde mit verd. Schwefelsäure angesäuert, dann wurden mit Wasserdampf 6000 ccm Destillat abgeblasen; sie verbrauchen zur Neutralisation 138,0 ccm n-NaOH.

Zu 5600 ccm des Destillats wurde etwas überschüssige Natronlauge gegeben, darauf wurde eingeengt, freies Hydroxyd durch eingeleitete Kohlensäure beseitigt, zur Trockene gedampft und dreimal mit Alkohol in der Siedehitze extrahiert. Aus dem filtrierten und etwas konzentrierten alkoholischen Auszuge der fettsauren Natriumsalze krystallisierte eine erste Fraktion von 3,5 g. Die Mutterlauge wurde eingeengt und ergab eine zweite Portion von 2,8 g. 2700 ccm verarbeitetes Gärgut entsprachen 90 % der ursprünglich angewendeten 19,32 g Brenztraubensäure. Weiterhin hatten von den erhaltenen 6000 ccm fettsäurehaltigen Destillats 5600 ccm zur Bereitung der obigen Natriumsalze gedient, die demnach die Ausbeute aus $19{,}32 \cdot 0{,}9 \cdot \frac{56}{60} = 16{,}2$ g Brenztraubensäure darstellen.

Analyse der ersten Fraktion: Nach Überführung in das Silbersalz auf die gewöhnliche Weise lieferten

0,0980 g Substanz: 0,0632 g =	64,49% Ag.
Ber. für Silberacetat:	64,66% Ag.

Bei der zweiten Fraktion wurde 1 g Natriumsalz in 5 ccm Wasser gelöst, filtriert, auf zirka 8 ccm verdünnt und viermal anteilweise mit je 0,5 g salpetersaurem Silber in ganz wenig Wasser gefällt. Für jede folgende Fällung diente das unverdünnte Filtrat der vorhergehenden. Die letzten 0,5 g $AgNO_3$ bewirkten ungeachtet des Arbeitens im Dunkeln und trotz Eiskühlung eine Schwärzung der gesamten Flüssigkeit. Dies Verhalten deutete auf die Gegenwart von Ameisensäure, die auch im ursprünglichen Wasserdampfdestillate nachweisbar gewesen war.

Wir führen folgende Analysen der zweiten und einer späteren Fraktion an:

1. Fällung: 0,0719 g Silbersalz gaben 0,0456 g =	63,42% Ag.
3. Fällung: 0,1250 g Silbersalz gaben 0,0794 g =	63,52% Ag.
Ber. für Silberbutyrat:	55,38% Ag.
Ber. für Silberacetat:	64,66% Ag.

Nach diesen Ergebnissen konnte die Menge der eventuell vorhandenen Buttersäure nur minimal sein; qualitative Proben, wie z. B. Verreiben mit Kaliumbisulfat, ließen lediglich den Geruch nach Essigsäure hervortreten.

c) Ansätze von Brenztraubensäure und dem Amylobacter.

Zwei Röhrchen mit 0,5% Brenztraubensäure nebst $CaCO_3$ enthaltender Nährlösung zeigten nach Beimpfung mit einer Reinkultur des durch Erdröhrchenpassage gekräftigten Erregers am folgenden Tage Gärung, während ein keimfreier Kontrollansatz unverändert blieb. Nach 5 Tagen war keine Brenztraubensäure in den gegorenen Proben mehr nachweisbar. Somit ist auf die Umsetzbarkeit der Brenztraubensäure auch durch den anderen Buttersäurebacillus zu schließen.

L. Bildung von Buttersäure aus dem Brenztraubensäure-aldol.

Als Brenztraubensäure-aldol bezeichnen wir der Einfachheit wegen die α-Keto-γ-valerolacton-γ-carbonsäure, die nach den Angaben von L. Wolff[1]) und A. W. K. de Jong[2]) auf verschiedene Weisen durch — die auch freiwillig verlaufende — Kondensation zweier Moleküle Brenztraubensäure erhalten werden kann.

[1]) L. Wolff, Ann. **305**, 156. 1899; **317**, 22. 1901.

[2]) A. W. K. de Jong, Rec. **20**, 81. 1901; **23**, 147. 1904.

a) Vorversuche.

Je 4 Röhrchen mit 1 g Calciumcarbonat als Bodenkörper und mit einer Lösung von 0,1 g Pepton in 20 ccm m. N. wurden nach Sterilisation mit dem Aldol in der Weise beschickt, daß dessen Konzentrationen betrugen bei

Röhrchen I	II	III	IV
0,06 g	0,10 g	0,175 g	0,175 g
(= rund 0,3%	= 0,5%	= 0,9%	= 0,9%)

Die nach einer halben Stunde beendete Gasentwicklung zeigte die Neutralisation des Anhydrids zu dem unter diesen Bedingungen entstehenden Calciumsalz der α-Keto-γ-valerolacton-γ-carbonsäure an.

Die Röhrchen I, II und III wurden sodann mit je 0,1 ccm einer aufgefrischten Reinkultur des Bacillus infiziert, IV blieb unbeimpft. Röhrchen I und II befanden sich am folgenden Tage bereits in Gärung, III erst nach 48 Stunden. Die Entbindung von Gärungsgasen hielt bis zum 5. Tage deutlich an; alsdann waren die Reaktionen auf die Oxyketosäure in II und III noch wahrnehmbar, während I keine mehr zeigte. Röhrchen IV blieb unverändert, die übrigen enthielten Reinkulturen des Erregers.

b) Versuch im Großen.

Zwei Gefäße mit je 2 l m. N., 40 g Kreide nebst 10 g Pepton wurden sterilisiert und mit der aufgekochten Lösung von je 10 g Brenztraubensäure-aldol in 50 ccm Wasser versetzt. 6 Stunden später, nachdem die Absättigung mit kohlensaurem Kalk unter häufiger Schüttelung praktisch vollzogen war, wurden je 10 ccm einer Reinkultur des Bacillus (auf 0,5proz. Pyruvinatlösung) eingeimpft. Bei 37° war am nächsten Vormittage die Gärung im Gange. Am 15. Tage war Ausgangsmaterial kaum noch erkennbar. Nachdem die Reinheit beider Kulturen nach genau 3 Wochen festgestellt war, wurde mit der Aufarbeitung begonnen.

Das vereinigte Gärgut wurde von der unverbrauchten Kreide abgesaugt und der Rückstand quantitativ nachgewaschen. Dann wurden 2,5 l (ohne Dampf) abdestilliert. Im Destillate fanden sich weder Acetaldehyd (noch Aceton) vor; auch nach entsprechender Konzentration fiel die Jodoformprobe nur ganz undeutlich aus. Der neutral reagierende Rückstand wurde auf dem Wasserbade weitgehend eingeengt und nach dem Ansäuern durch Schwefelsäure mit Wasserdampf behandelt, bis 12,5 l Destillat abgetrieben waren.

Das Destillat wurde alkalisiert, eingeengt und weiterhin wie das entsprechende Destillat des Brenztraubensäureversuchs (s. S. 297) verarbeitet. Die gesamte so erhaltene Salzmenge betrug 13 g (feucht).

6,5 g wurden in sehr wenig Wasser gelöst, mit etwas gepulv. Na_2SO_4 versetzt und nach Überschichten mit Äther in einem kleinen Scheidetrichter mit 50proz. Schwefelsäure angesäuert. Nach mehrmaligem Ausschütteln wurde die ätherische Lösung mit geglühtem Natriumsulfat getrocknet und der Äther abgedampft. Der Rückstand wurde fraktioniert und lieferte folgende Anteile:

Ia) Flüssigkeit vom Siedepunkt 80—140° (Geruch nach Essigsäure),
Ib) Flüssigkeit vom Siedepunkt 141—159° (Hauptmenge).

Die zweiten 6,5 g wurden in gleicher Weise verarbeitet.
Fraktion IIa) war ein Liquidum vom Kp. 80—140 (sehr wenig),
Fraktion IIb) war ein Liquidum vom Kp. 141—162° (Hauptmenge).

Ib und IIb wurden nochmals zusammen rektifiziert und führten zu

III. 3,1 g Säure vom Siedepunkte 138—154°
und IV. 3,3 g Säure vom Siedepunkte 155—163°.

Das aus dieser letzten Fraktion dargestellte Silbersalz ergab folgende Analysenresultate:

0,1076 g Substanz:	0,0598 g = 55,57%	Ag;
0,0987 g Substanz:	0,0547 g = 55,42%	Ag.
Ber. für Silberbutyrat:	55,38%	Ag.

Damit ist die Entstehung von Buttersäure aus dem Aldol der Brenztraubensäure nachgewiesen.

M. Vergleichende und quantitative Versuche über die Produkte der Butylgärung in Abwesenheit und Gegenwart des „Abfangmittels“.

Acht Jenaer 5-l-Stehkolben wurden beschickt mit je α) 40 g Kreide, β) mit den erforderlichen Nährsalzen, entsprechend der Zusammensetzung der m. N., sowie mit γ) 4 g Pepton.

In vier von diesen Kolben wurde eine Lösung von je 100 g Stärkesirup in 4 l Wasser eingefüllt und dann dreimal im strömenden Wasserdampf sterilisiert. Die anderen Kolben dienten zu einem Abfangversuch; sie wurden zunächst mit 100 g Sirup in 3 l Wasser beschickt und ebenfalls sterilisiert. Vor der Beimpfung wurde ein jeder dieser letzten 4 Kolben mit einer Lösung von 200 g krystallisierten Natriumsulfits in 1000 ccm H_2O versetzt, die für sich keimfrei gemacht war. Das Volumen war auch hier 4 l pro Kolben. Da jeder 100 g Stärkesirup = 85 g Hexose erhalten hatte, so waren überall 21,2 g Zucker pro 1000 ccm zugegen; in den Abfangkolben betrug die Sulfitkonzentration 2,4%, da das verwendete krystallisierte Salz einen Gehalt von 48% Na_2SO_3 besessen hatte und 50 g des Salzes im Liter vorhanden waren.

Alle 8 Kolben wurden mit je 40 ccm einer gärkräftigen Reinkultur des Bacillus butylicus Fitz besät und bei 38° belassen. Nach 2 Tagen wurde in den Sulfitgefäßen das Wachstum deutlich, während sich die Kontrollkolben bereits in voller Gärung befanden und einen mehrere Zentimeter hohen Schaum aufwiesen. Die nach 23 Tagen gemachten Ausstriche auf Traubenzuckeragar ergaben die Reinheit aller 8 Ansätze. Nach dieser Zeit fingen wir mit der Aufarbeitung der Versuche an; sie hatten etwas länger gestanden, da der Stärkesyrup langsamer als reiner Traubenzucker vergoren wurde.

a) Abfangversuch.

Von jedem der 4-l-Kolben wurden 200 ccm entnommen und gemischt, nachdem zuvor überall die Anwesenheit von Acetaldehyd qualitativ festgestellt worden war. Zwei parallele Aldehyddestillationen (mit je 200 ccm) ergaben in je 2 Kontrollbestimmungen folgenden Gehalt an Acetaldehyd pro 100 ccm Urlösung:

I.	0,1420 g	und	0,1411 g,
II.	0,1436 g	und	0,1428 g.

Hieraus berechnet sich der Durchschnittswert von 0,1424 g Acetaldehyd für 100 ccm Gärgut.

400 ccm des gemischten Gärgutes dienten zur Ermittelung des nicht vergorenen Zuckers. Nach Ausfällung des freien Sulfits mit einer konz. Lösung von 30 g Bariumchlorid wurde mit 5 g Calciumcarbonat zwecks Austreibung des Acetaldehyds gekocht. Nach quantitativem Auswaschen der unlöslichen Salze wurde das Filtrat konzentriert und nach Hydrolyse etwa noch vorhandener Maltose oder Dextrine die restierende Hexosemenge bestimmt. Es ergab sich, daß pro Liter 2,5 g zugegen, also 21,2 — 2,5 g = 18,7 g Zucker vergoren waren.

Da vom Bacillus demnach pro Liter 18,7 g Kohlenhydrat umgesetzt waren, berechnet sich die Aldehydausbeute zu $\frac{10 \cdot 0{,}1424 \cdot 100}{18{,}7} = 7{,}61\%$.

Zur Abscheidung entstandenen Alkohols wurde das Gärgut direkt destilliert, wobei auch durch Dissoziation des Sulfitkomplexes freiwerdender Acetaldehyd mit überging. Um eine spätere Kondensation desselben zu Produkten, welche die Deutlichkeit der Analysenresultate beeinträchtigen könnten, zu verhindern, verfuhren wir folgendermaßen:

Aus jedem „Abfangkolben" wurden die restierenden 3,8 l Gärgut in hohe Destillierblasen eingefüllt und in diesen Gefäßen mit je 20 g Kreide und einer Lösung von 250 g milchsaurem Kalk in 2 l Wasser versetzt. Calciumlactat wurde zur Ausfällung des überschüssigen Sulfits gewählt, da es ein leicht wasserlösliches Erdalkalisalz einer aus schwefelsaurer Lösung mit Wasserdämpfen so gut wie nicht flüchtigen Säure ist.

Von jedem der vier in dieser Weise hergestellten Gemische wurden je 4 l Destillat aufgefangen. Von besonderen Vorsichtsmaßregeln zur quantitativen Gewinnung des leicht flüchtigen Aldehyds konnte abgesehen werden, da seine Menge bereits anderweitig festgestellt worden war (s. oben). Die alkoholhaltigen Destillate aller 4 Kolben wurden vereint und durch Anreicherung auf 450 ccm gebracht, wobei die Zugabe von etwas Schwefelsäure mitgewandertes Ammoniak zurückhielt. Das dann neutral reagierende Destillat wurde zwecks Entfernung des Acetaldehyds mit 55 g m-Phenylendiamin-chlorhydrat[1]) und 100 ccm Wasser versetzt und 1 Stunde am Energie-Rückflußkühler gekocht; darauf wurden 330 ccm am absteigenden Kühler abgetrieben. Das Übergegangene, das jetzt frei von Aldehyd war, wurde bis zum Volumen von 160 ccm systematisch konzentriert. Der Alkohol wurde nunmehr mit Pottasche abgeschieden und mittels einer Pipette abgehoben; etwa 2 ccm wurden dabei nicht erfaßt; der Alkohol wurde sodann über geglühtem Kupfersulfat energisch getrocknet. Nach der Entwässerung wurde in einen kleinen Destillierkolben hinein filtriert und der Kupfersulfatrückstand auf dem Filter mit wenigen ccm absoluten Äthers ausgewaschen. Bei Destillation am mehrkugeligen Birektifikator ging bis auf

[1]) C. Neuberg und J. Hirsch, diese Zeitschr. 98, 141. 1919.

den ätherhaltigen Verlauf der gesamte Kolbeninhalt bei 78—81° über. Die Menge dieses Destillats macht 36,2 g aus, die des Rückstandes im Kolben rund 0,5 g. Letzterer besaß nicht den Geruch des Butylalkohols und kann auch deshalb nicht daraus bestanden haben, da er sich klar mit dem gleichen Volumen Wasser mischte. Die ursprünglich von der Potasche nicht abhebbaren 2 ccm setzen wir mit zweimal 0,8 g = 1,6 g in die Ausbeuteberechnung ein. Es ergibt sich so die Entstehung von (36,2 + 0,5 + 1,6) g = 38,3 g Äthylalkohol. Da pro Liter Gärgut 18,7 g Zucker umgesetzt sind und obige Alkoholmenge bei der Verarbeitung von viermal 3,8 = 15,2 l gefunden wurde, so sind an Weingeist $\frac{38{,}3 \cdot 100}{15{,}2 \cdot 18{,}7} = 13{,}47\%$ vom vergorenen Zucker gebildet.

D e m n a c h e r z e u g t d e r E r r e g e r, der für gewöhnlich Butylalkohol hervorbringt, u n t e r d e n B e d i n g u n g e n d e s „A b f a n g v e r f a h r e n s" als alkoholisches Produkt n u r W e i n g e i s t. O f f e n b a r w e r d e n d i e s o n s t z u m B u t y l a l k o h o l f ü h r e n d e n V o r g ä n g e d u r c h d e n E i n g r i f f i n d i e m a ß g e b l i c h e Z w i s c h e n s t u f e u n t e r b u n d e n.

Z u r E r m i t t l u n g d e r g e b i l d e t e n S ä u r e wurden die Rückstände der Alkoholdestillation vom kohlensauren und schwefligsauren Calcium abfiltriert, mit reichlich heißem Wasser ausgewaschen und die vereinigten Filtrate bis auf etwa 10 l eingedampft. Aus den in Lösung befindlichen Kalksalzen wurden durch Umsetzung mit etwas überschüssiger Soda die Natriumverbindungen bereitet. Das Filtrat vom gründlich ausgewaschenen Calciumcarbonat machte nach Einengung 2415 ccm aus. Es gelangten 15,2 l Gärgut mit einem anfänglichen Zuckergehalt von 21,2 g pro 1000 ccm, also im ganzen von 15,2 · 21,2 g Zucker, zur Aufarbeitung. Demnach sind die Gärungsprodukte von 50 g angewendetem = 44,1 vergorenem Zucker in $2415 \cdot \frac{50}{21{,}2 \cdot 15{,}2}$ ccm = 374,8 ccm obiger Lösung enthalten.

Durch einfaches Ausäthern lassen sich aus der angesäuerten Lösung die Fettsäuren nicht isolieren, da Milchsäure mit extrahiert wird. Daher wurden im Vakuum 375 ccm der alkalischen Lösung bis zur Syrupkonsistenz eingeengt und nach dem Ansäuern durch Wasserdampf 10,8 l Flüssigkeit übergetrieben. Diese Prozedur wurde abgebrochen, da bei dem vorliegenden Gemisch organischer Substanzen wegen der Neubildung von Ameisensäure fortgesetzt ein schwach sauer reagierendes Destillat überging[1]). Dasselbe zeigte noch einen geringen Gehalt an SO_2 und starke Reaktion auf Ameisensäure, deren Gegenwart durch Erwärmen eines aliquoten Teiles mit Quecksilberchlorid, Kochsalz und Natriumacetat (Kalomelreaktion) nachgewiesen wurde.

Die Fortschaffung der Ameisensäure durch Behandlung mit Chromsäure erscheint nicht empfehlenswert, da dieses oxydierende Agens auch Buttersäure angreift[2]). Deshalb wurde die Ameisensäure nach der Methode von Neuberg und Brasch[3]) durch Mercurisulfat beseitigt. 8 l Destillat wurden mit Natriumcarbonat neutralisiert und mit einem kleinen Überschuß daran versetzt. Die Flüssigkeit wurde dann auf etwa 1 l eingeengt und in einen Rundkolben mit aufgesetztem, gut wirkendem Rückflußkühler übergespült; durch sein offenes Ende wurde eine Lösung von 300 g Mercurisulfat in der gerade nötigen Menge 20%iger Schwefelsäure hinzugegeben, darauf wurde $1^1/_2$ Stunde gekocht. Nach dem Erkalten wurde vom ausgeschiedenen Oxydulsalz abfiltriert, Schwefelwasserstoff bis zur vollständigen Ausfällung des Quecksilbers eingeleitet, das HgS entfernt und Luft in langsamem Strome bis zur Verdrängung allen in der Flüssigkeit befindlichen Schwefelwasserstoffes hindurchgedrückt. Alsdann wurde die Schwefelsäure durch eine warme Lösung von Bariumhydroxyd ausgefällt, der Überschuß mittels Kohlendioxyd beseitigt und von den Niederschlägen abfiltriert. Dieselben wurden zweimal mit Wasser ausgekocht, um alles fettsaure Salz in Lösung zu bringen, und mit 10 l siedendem Wasser ausgewaschen. Die sehr verdünnte Lösung der fettsauren Salze wurde bis auf 500 ccm eingedickt und von noch ausgeschiedenen kleinen Mengen Bariumcarbonats abfiltriert. Die weiter konzentrierte Flüssigkeit wurde schließlich in einem Meßkolben auf 200 ccm aufgefüllt.

Diese Lösung war frei von Ameisensäure (sowie schwefliger Säure) und entwickelte beim Ansäuern einen schwachen Geruch nach Essigsäure. Eine Menge von 50 ccm diente zur Bestimmung des Gesamtgehaltes an flüchtiger Säure. Sie wurde mit H_2SO_4 versetzt, eine halbe Stunde unter Rückfluß zur Entfernung von Kohlendioxyd gekocht und dann das am absteigenden Kühler

---

[1]) Vgl. H. Fincke, diese Zeitschr. **51**, 253. 1913.

[2]) O. Hecht, B. **11**, 1053. 1878.

[3]) C. Neuberg und W. Brasch, l. c.

mit Wasserdampf übergetriebene Destillat Liter für Liter titriert. Die im sechsten Liter übergehende Flüssigkeit reagierte nicht mehr auf Lackmuspapier. Der Gehalt der verarbeiteten 50 ccm an flüchtiger Säure entsprach 277 ccm $^n/_{10}$-Natronlauge, der des gesamten Meßkolbeninhaltes also viermal 277 ccm $^n/_{10}$-NaOH. Da von den ursprünglichen 10,8 l fettsäurehaltigem Destillate 8 l in der oben beschriebenen Weise von Ameisensäure befreit worden und die übrigen in 8 l vorhandenen Fettsäuren (als Natriumsalze) auf ein Volumen von 200 ccm gebracht worden sind, so entspricht der gefundene Säuregehalt, für die gesamten anfänglich aufgefangenen 10,8 l berechnet, $\frac{4 \cdot 277 \cdot 10,8}{8} = 1495,8$ ccm $^n/_{10}$-NaOH.

25 ccm vom Meßkolbeninhalte wurden verdünnt und dienten zur Bestimmung des Verhältnisses von Buttersäure zu Essigsäure gemäß dem Verfahren von E. Duclaux[1]). Die vorliegende Säure erwies sich als reine Essigsäure.

Zur Bestätigung dieses Ergebnisses wurden 100 ccm der Natriumsalzlösung zur Trockene gebracht und mit Weingeist erschöpft. Der abgedampfte Auszug hinterließ 3,7 g Natriumsalz. Eine Probe davon, in ganz wenig Wasser gelöst und mit etwas Schwefelsäure angesäuert, roch nach Essigsäure und schied keine ölige Schicht ab. Das aus 1 g des Natriumsalzes dargestellte Silbersalz gab folgende analytische Daten:

1. 0,1106 g Substanz: 0,0712 g = 64,37% Ag;
2. 0,0847 g Substanz: 0,0544 g = 64,23% Ag.

Ber. für Silberacetat: 64,66% Ag.

Die bei der Gärung im „Abfangversuch“ gebildete Menge Essigsäure findet man folgendermaßen: 149,6 ccm n-NaOH sind das Äquivalent der Essigsäure, die aus 50 g dem Bacillus dargebotenen Kohlenhydrat hervorgegangen sind. Da von 21,2 g angewendetem Zucker 18,7 g vom Erreger verbraucht wurden, so entspricht obige Essigsäure-acidität $\frac{50 \cdot 18,7}{21,2} = 44,1$ g vergorenem Zucker. Nun sind 149,6 ccm n-Essigsäure = 8,976 g; demnach sind $\frac{8,976 \cdot 100}{44,1} = 20,35\%$ vom verzehrten Zucker als Essigsäure erschienen.

Somit ergibt sich, daß ebenso wie die Bildung des Butylalkohols auch die der zugehörigen Buttersäure bei Vor-

[1]) E. Duclaux, Traité de Microbiologie 3, 385. 1900.

nahme der Butylgärung in Gegenwart des Abfangmittels aufgehoben ist und an ihrer Stelle lediglich Essigsäure auftritt.

b) Normalversuch.

In den 4 Kolben ohne schwefligsaures Salz war der Zucker nach 33 Tagen praktisch vollständig vergoren; in einer Mischprobe, zu der aus jedem der 4 Gefäße je 20 ccm Gärgut entnommen wurden, waren nur noch Spuren Kohlenhydrat nachweisbar.

Aus jedem Kolben wurden dann 3,9 l abgefüllt und vereinigt. Die Destillation in zwei Portionen lieferte 10 l Flüssigkeit, worin die durch Gärung erzeugten Alkohole enthalten sein mußten. Durch die übliche Anreicherung, die einmal über verd. Schwefelsäure und einmal über Lauge zwecks Entfernung flüchtiger basischer und saurer Beimengungen geschah, wurden 80 ccm Flüssigkeit erhalten. Daraus wurden die Alkohole mittels Pottasche abgeschieden, mit einer Pipette abgehebert (1 ccm blieb zurück) und über geglühtem Kupfersulfat getrocknet. Die Menge betrug nach einmaliger Fraktionierung 12,1 g, wozu noch der nicht abgetrennte 1 ccm = 0,8 g tritt: die Gesamtausbeute läßt sich zu 13 g veranschlagen. Der Alkohol ging vollständig zwischen 78° und 92° über. Diese Quantität ist zu gering, als daß eine weitgehende Trennung im Äthyl- und Butylalkohol durchführbar gewesen wären. Der letzte Anteil war allerdings mit Wasser nicht mehr beliebig mischbar, sondern schied sich als Öl aus und zeigte den charakteristischen Geruch des Butylalkohols.

Legen wir für den Ertrag an C_2- und C_4-Alkohol denselben Quotienten zugrunde, der später bei einem umfangreicheren Ansatz (s. S. 311) ermittelt wurde, so ist das Verhältnis von Äthylalkohol: Butylalkohol gleich 76,3 g: 58,4 g. Wir finden demgemäß die Menge des gebildeten Äthylalkohols durch Multiplikation der Gesamtausbeute (13 g) an Alkoholen mit dem Faktor $\frac{76,3}{76,3 + 58,4}$, und die an Butylalkohol durch Multiplikation mit $\frac{58,4}{76,3 + 58,4}$. Auf diese Weise errechnet man an Äthylalkohol 7,37 g und an Butylalkohol 5,62 g.

Da zur Isolierung dieser Alkohole viermal 3,9 = 15,6 l Gärgut mit einem zum Umsatz gelangten Zuckergehalt von 21,2 g pro l gedient hatten, so ergibt sich die Ausbeute an

$$\text{Äthylalkohol zu } \frac{7{,}37 \cdot 100}{15{,}6 \cdot 21{,}2} = 2{,}23\% \quad \text{und}$$

$$\text{Butylalkohol zu } \frac{5{,}62 \cdot 100}{15{,}6 \cdot 21{,}2} = 1{,}70\%$$

vom vergorenen Kohlenhydrat.

Die restierende Lösung von Calciumsalzen der bei der Gärung erzeugten Säuren wurde von der Kreide getrennt. Diese wurde ausgewaschen, worauf die vereinigten Filtrate etwas eingeengt wurden; mit Soda erfolgte dann in der Wärme Umwandlung in die Natriumverbindungen, deren Lösung nach gründlichem Auswaschen des gefällten kohlensauren Kalkes auf 1000 ccm konzentriert wurde. Darin waren die Gärprodukte von 15,6 · 21,2 = 330,7 g Zucker enthalten (s. zuvor). 50 g Zucker entsprechen demnach $\frac{1000 \cdot 50}{330{,}7} = 151{,}2$ ccm der Lösung.

200,0 ccm der Lösung wurden heiß von den letzten Spuren Calcium durch nochmalige Behandlung mit 20,0 ccm Natriumcarbonatlösung befreit und durch ein trockenes Filter abgegossen. Ein Volumen dieser Lösung von 151,2 + 15,1 = 166,3 ccm, welches 50 g umgesetztem Zucker gleichkommt, wurde im Scheidetrichter nach dem Überschichten mit alkoholfreiem Äther durch 50proz. Schwefelsäure angesäuert. Nach viermaligem Ausschütteln wurde die Hauptmenge des Extraktionsmittels am 6kugeligen Birektifikator abgetrieben, der Rückstand mit geglühtem Na_2SO_4 getrocknet, vom Äther möglichst befreit und an einem kleinen Birektifikator fraktioniert.

Es wurden folgende Portionen aufgefangen:

I.	Kp.	34– 40°:	Ätherhaltiger Vorlauf,
II.	„	41–102°:	Spur,
III.	„	103–110°:	0,9 g,
IV.	„	111–121°:	1,7 g,
V.	„	122–135°:	2,5 g,
VI.	„	136–157°:	3,7 g,
VII.	„	158–162°:	7,0 g.

Der nach Fraktion VII noch vorhandene Rückstand wurde mit etwas wasserfreiem Äther in ein kleines Kölbchen übergespült und für sich destilliert; so wurde eine letzte Fraktion erhalten:

VIII. Kp. 159°—212°: 1,7 g.

Ihre Hauptmenge ging bei 160° über (war also gleichfalls Buttersäure), worauf das Thermometer rasch stieg und sich im seitlichen Rohr ein Körper vom Aussehen des Milchsäureanhydrids auszuscheiden begann; sein Siedepunkt war bei 760 mm Druck 256°.

Die (gemäß den Siedepunkten) offenbar keine einheitlichen Substanzen darstellenden Fraktionen V, VI und VIII wurden folgendermaßen auf ihre Zusammensetzung geprüft. Sie wurden wieder vereinigt, und ihr Gesamtgehalt an flüchtiger Säure wurde durch eine Wasserdampfdestillation ermittelt. Bei dieser wurden 1500 ccm aufgefangen; sie verbrauchten 951 ccm $^n/_{10}$-Natronlauge. In 110 ccm dieses Destillats wurde dann nach der Methode von Duclaux das Verhältnis von Buttersäure zu Essigsäure fast genau gleich 2 : 1 Mol festgestellt. Daraus berechnet sich der den drei Fraktionen V, VI und VIII gemeinsame Gehalt an Buttersäure äquivalent 2/3 · 951 ccm $^n/_{10}$-NaOH, d. h. zu 5,58 g, und der an Essigsäure äquivalent 1/3 · 951 ccm $^n/_{10}$-NaOH, also zu 1,9 g.

Aus Fraktion IV und VII wurden Silbersalze bereitet, die bei der Analyse folgende Daten ergaben:

Für Fraktion IV:

1. 0,2796 g Substanz: 0,1766 g = 63,16% Ag;
2. 0,2688 g Substanz: 0,1704 g = 63,39% Ag.

Ber. für Ag-Acetat: 64,66% Ag.

Für Fraktion VII:

1. 0,3035 g Substanz: 0,1691 g = 55,71% Ag;
2. 0,2374 g Substanz: 0,1312 g = 55,27% Ag.

Ber. für Ag-Butyrat: 55,38% Ag.

Nach diesen Zahlen dürfte also die Fraktion IV fast ganz aus Essigsäure bestanden haben, während Fraktion VII als reine Buttersäure zu betrachten ist.

Erhalten sind aus 50 g umgesetztem Zucker rund

an Buttersäure: $7{,}0\text{ g} + 5{,}58\text{ g} = 12{,}58\text{ g} = \frac{12{,}58 \cdot 100}{50} = 25{,}6\%$.

an Essigsäure: $1{,}7\text{ g} + 1{,}9\text{ g} = 3{,}6\text{ g} = \frac{3{,}6 \cdot 100}{50} = 7{,}2\%$.

Tabelle VI.

Vergleichende Zusammenstellung der Ergebnisse eines in größerem Umfange ausgeführten einfachen Gäransatzes und des zugehörigen Abfangversuches:

	Buttersäure %	Essigsäure %	Butylalkohol %	Ätylalkohol %	Acetaldehyd %
Abfangversuch . .	0	20,35	0	13,47	7,61
Normalversuch . .	25,16	7,20	1,70	2,23	0

N. Die Gewinnung höherer Fettsäuren aus Zucker bei der Butylgärung in rein mineralischer Lösung.

Zur Vornahme ausgedehnterer Versuche mit je 400—600 g Stärkesyrup dienten starkwandige Glasflaschen von 25 l Inhalt. Diese wurden nach sorgfältiger mechanischer Reinigung mit einer 0,5 prozentigen Sublimatlösung gefüllt und mit Glasstopfen verschlossen mehrere Tage lang stehen gelassen. Dann wurde der Inhalt ausgegossen und jedes Gefäß, während der Hals zur Seite gehalten wurde, durch reichliche Mengen sterilen Wassers von Resten des Quecksilbersalzes befreit.

Die erste Flasche wurde noch einen Tag lang mit 70proz. Alkohol gereinigt, doch erwies sich diese Maßnahme als überflüssig, wie die bakteriologische Prüfung aller Versuche zu Beginn und Ende der Gärung zeigte; auch die nicht mit Sprit behandelten Gefäße enthielten während der durchschnittlich vierwöchentlichen Gärungszeit durchweg Reinkulturen. Einen ausreichenden Verschluß ergaben Wattebauschstopfen, die im Heißluftschranke keimfrei gemacht waren.

Die Nährflüssigkeit wurde in der Weise zubereitet, daß α) die Lösung des Stärkesyrups in Leitungswasser, β) die Kreide und γ) die Auflösung der Mineralstoffe jede für sich sterilisiert und in den zur Aufnahme inzwischen hergerichteten Gärgefäßen gemischt wurden.

α) Der Stärkesyrup war in einem großen emaillierten Kochtopf mit gut schließendem Deckel in etwa 15 l Wasser gelöst und über der Flamme an drei aufeinander folgenden Tagen je eine halbe Stunde gekocht. Die Lösung war dann noch warm mittels eines großen trocken sterilisierten Trichters möglichst rasch in die Flaschen eingefüllt.

β) Die Kreide, 250 g für jeden Ansatz, war dreimal auf 180° erhitzt und schnell in die Flasche eingeschüttet.

γ) Die Nährsalze waren in zwei Portionen, und zwar

a) 15 g Dikaliumphosphat,
b) 10 g $(NH_4)_2SO_4$,
5 g $MgSO_4$,
0,3 g NaCl,
0,15 g $FeSO_4$ und
0,15 g $MnSO_4$,

in kleinen Erlenmeyer-Kölbchen in wenig Wasser gelöst, in strömendem Dampfe sterilisiert und gleichfalls in die Flaschen gebracht.

Bis dahin hatte als Schutz vor Infektionen der zugehörige Glasstopfen gedient. Nachdem sodann die Maische gut durchgemischt, mit 100 ccm einer Reinkultur des Bac. butylicus Fitz versetzt und nochmals geschüttelt worden war, wurde der Glasstöpsel gegen den sterilen Watteverschluß ausgetauscht und jedes Gefäß im Brutschrank bei 37—38° sich selbst überlassen.

Tabelle VII.

Nr.	Syrup g	Geimpft am	Frei von Zucker am	Beginn der Aufarbeitung	Bemerkungen
I	450	19. IV. 1920	10. V. 1920	12. V. 1920	
II	600	23. IV. 1920	11. V. 1920	14. V. 1920	
III	500	29. IV. 1920	31. V. 1920	1. VI. 1920	Bei der Aufarbeitung verunglückte die Hälfte
IV	450	30. IV. 1920	31. V. 1920	1. VI. 1920	
V	530	12. V. 1920	8. VI. 1920	8. VI. 1920	
VI	575	18. V. 1920	10. VI. 1920	12. VI. 1920	
VII	600	20. V. 1920	12. VI. 1920	14. VI. 1920	
VIII	630	5. VI. 1920	20. VII. 1920	27. VII. 1920	
IX	600	8. VI. 1920	20. VII. 1920	28. VII. 1920	

Vorhanden waren die Umsetzungsprodukte von

4945 g
— 250 g = $^1/_2$ vom Ansatz III

4695 g Syrup mit 85% Hexosegehalt = 3990 g Traubenzucker.

Der Inhalt eines jeden zu Ende gegorenen Behälters wurde in zwei gleiche Teile geteilt, die sofort destilliert wurden. Da die kohlenstoffreicheren, mit Wasserdämpfen noch z. T. flüchtigen Säuren der C_6-, C_8- und C_{10}-Reihe schwache Säuren sind und ihre Kalkverbindungen demzufolge teilweise hydrolytischen Zerfall erleiden, so wurde jeder Beschickung etwas Natronlauge zugesetzt. Vom Inhalt des Gefäßes, ca. 7,5 l, wurden jedesmal $^2/_3$ übergetrieben.

Die Alkohole.

Diese Destillate, in denen die gesamten, bei der Gärung gebildeten Alkohole enthalten waren, wurden durch wiederholte Konzentration allmählich auf ein kleines Volumen gebracht, miteinander vereinigt, zuletzt wiederum zur Befreiung von flüchtigen sauren und basischen Verunreinigungen sowohl über Natronlauge als Schwefelsäure destilliert und schließlich mit Pottasche gesättigt, die 195 ccm eines Alkoholgemisches aussalzte. Nach dem Trocknen über anhydrischem Kupfersulfat wurde dieses Alkoholgemenge, dessen Gewicht 147 g betrug, an einem vierkugeligen Birektifikator langsam destilliert. Nach achtmaligem Durchfraktionieren und Vereinigung der gleichsiedenden Anteile wurden gewonnen:

{ 70,3 g	vom Kp.	78–81°,
{ 6,0 g	„ „	82–94°,
Spur	„ „	95–111°,
{ 9,8 g	„ „	112–115°,
{ 48,6 g	„ „	116–117°
134,7 g.		

Das Verhältnis des Sprits zum Butylalkohol war demnach ungefähr = 76,3 : 58,4. Ein letzter Destillationsrest von ca. 1 g roch brenzlich und sott zwischen 118 und 120°. Höhere Alkohole wurden nicht beobachtet.

Die Fettsäuren.

Die nach Abtreiben der Alkohole verbliebenen Rückstände wurden von Calciumcarbonat noch heiß abfiltriert (Filtrat I) und die im wesentlichen aus Kreide bestehenden Niederschläge auf dem Filter mit viel heißem Wasser ausgewaschen, um die weniger löslichen Calciumsalze der höheren Fettsäuren möglichst vollständig in das Filtrat I zu bekommen. Die ausgelaugten Niederschläge wurden getrocknet und Filtrat I wurde eingedampft, bis Kristalle die Flüssigkeit zu durchsetzen begannen. Jedes so vorbereitete Quantum wurde gesammelt, bis der letzte Gäransatz verarbeitet war.

Alsdann wurden die eingeengten Filtrate I zusammen auf ein Volumen von 12 l gebracht und mit einer konzentrierten Sodalösung in der Wärme umgesetzt. Vom ausgefällten Calciumcarbonat wurde abfiltriert (Filtrat II), der Niederschlag nochmals mit ganz verdünnter Sodalösung ausgekocht, wiederum abfiltriert (Filtrat III) und sorgfältig ausgewaschen. Die erwähnten getrockneten Niederschläge wurden fein gepulvert und gleichfalls mit verdünnter Natriumcarbonatlösung in der Wärme ausgezogen. Es wurde abfiltriert (Filtrat IV) und der Niederschlag planmäßig ausgewaschen. Diese Operation wurde wiederholt (Filtrat V). Die Filtrate II bis V wurden zusammen eingeengt, bis feste Substanz sich auszuscheiden begann.

Diese von Krystallen durchsetzte Lösung wurde portionsweise im Scheidetrichter mit alkoholfreiem Äther überschichtet, mit 50proz. Schwefelsäure angesäuert und je dreimal mit Äther ausgeschüttelt. Da die Grenze zwischen ätherischer und wässeriger Schicht sich nur langsam ausbildete, so wurde die Trennung durch etwas Aceton befördert. Der Äther wurde verjagt, sein Rückstand mit geglühtem Natriumsulfat behandelt, filtriert, das Glaubersalz mit entwässertem Äther ausgewaschen, nochmals mit Natriumsulfat getrocknet, abfiltriert, mit Äther nachgespült und der Äther wiederum soweit als möglich auf dem Wasserbade am Birektifikator abgetrieben. Dieser Rückstand wurde in 4 Portionen aus einem Ölbade am 4kugeligen Birektifikator fraktioniert, bis bei einer Außentemperatur von 210° der letzte bei 162° flüchtige Anteil übergegangen war. Die einander entsprechenden Fraktionen der 4 Operationen wurden vereinigt:

Fraktion a)	37— 98°	= 111 g	(äther- und acetonhaltig),
„ b)	99—127°	= 230 g	(Ameisensäure, Essigsäure und etwas Buttersäure),
„ c)	128—152°	= 413 g	(Mischfraktion Essigs. u. Butters.),
„ d)	153—162°	= 494 g	(fast reine Buttersäure).

Keine der 4 Fraktionen zeigte optische Aktivität.

Der bei diesen Fraktionierungen nicht übergegangene Anteil wurde mittels getrockneten Äthers herausgespült und wog nach Abdunsten desselben 154 g.

Dieser Rückstand lieferte bei der Fraktionierung im Vakuum folgende Anteile:

Tabelle VIII.

Nr.	Druck mm	Temperatur Grad	Menge g	Eigenschaften
I	14	65— 80	31,0	flüssig
II	13	81— 90	17,4	„
III	13	91—120	28,5	„
IV	13	121—145	34,0	dickflüssig
V	13	146—180	32,5	von Krystallen durchsetzt.
			143,4	

Die Fraktionen I, II und III wurden zur Entfernung noch beigemengter Buttersäure jede mit dem 10fachen Volumen Wasser durchgeschüttelt, die öligen Schichten mit Äther aufgenommen, mit Natriumsulfat getrocknet und vom Äther befreit; dann wurde jede Fraktion für sich rektifiziert. Die einander entsprechenden Portionen wurden vereinigt und von neuem rektifiziert. Gewonnen wurden so (bei gewöhnlichem Druck):

A.	5,1 g vom Kp. 160—162°,	C.	15,0 g vom Kp. 167—185°,
B.	6,0 g „ „ 163—166°,	D.	14,5 g „ „ 186—220°.

Die oben angeführten Fraktionen Nr. IV und V enthielten nachweislich Lactid. Die Milchsäure, die als normales Gärungsprodukt auftritt, gelangte mit dem Äther in die Fettsäuregemische, in denen sie vielleicht auch besonders löslich ist.

Schon bei gewöhnlicher Temperatur, besonders aber beim Erhitzen auf 150° in Gegenwart von Säure, entsteht dann Lactid. Da Milchsäureanhydrid unter 12 mm Druck bei 138° siedet, so mußte es sich in den Fraktionen IV und V der Vakuumdestillation vorfinden.

Zur Verseifung von Lactid versetzten wir die betr. Fraktionen mit je 200 ccm 10proz. Kalilauge und erwärmten auf dem Wasserbade eine halbe Stunde; das Lactid war dann vollständig aufgespalten. Die in einen Scheidetrichter umgefüllte Flüssigkeit wurde mit 50%iger H_2SO_4 angesäuert, die wässerige Schicht von dem sich abscheidenden Öl abgelassen, dieses nochmals mit Wasser gewaschen, in Äther aufgenommen und mit Natriumsulfat getrocknet. Die durch Abtreiben des Lösungsmittels zurückbleibenden Fettsäuren aus den Fraktionen IV und V wurden gemeinsam mit den in Fraktion D enthaltenen (aus den Portionen I—III stammenden) höheren Fettsäuren einer Rektifikation unterworfen. Wir erhielten so die Anteile:

VI	Kp.	175—200° =	10,2 g,
VI_1	„	201—208° =	3,8 g,
VI_2	„	209—210° =	2,5 g,
VI_3	„	211—225° =	4,4 g,
VI_4	„	226—232° =	4,2 g.

Da sich zuletzt eine leichte Zersetzung (Gasbildung) bemerkbar zu machen anfing, so wurde weiterhin im Vakuum bei 13 mm Druck destilliert:

VI_5	Kp.	137—145° =	4,3 g,
VI_6	„	146—165° =	1,4 g,
VI_7	„	166—170° =	1,5 g,
VI_8	„	171—205° =	2,6 g,
		insgesamt:	34,9 g.

Die Fraktionen VI bis VI_6 waren wasserklar, VI_7 erstarrte in der Vorlage zu einem festen weißen Körper, während VI_8 gleichfalls fest, jedoch durch braune Partikeln, die zum Schluß übergingen, verunreinigt war. Als Rückstand, aus dem bei einer Temperatur des Ölbades von 290° außer gefärbten Nebeln sich nichts mehr verflüchtigte, blieben im Kolben etwa 10 g eines teerartig zähen Materials zurück.

Von den Fraktionen VI sowie VI_5—VI_7 wurden Silbersalze dargestellt und analysiert; bei VI_5 bis VI_7 wurde in stark alkoholischer Lösung gearbeitet.

Fraktion VI:	0,1910 g Substanz:	0,0986 g = 51,62% Ag.
	Ber. f. Ag-butyrat:	55,38% Ag.
	Ber. f. Ag-capronat:	48,43% Ag.
Fraktion VI_5:	0,1735 g Substanz:	0,0802 g = 46,23% Ag.
	Ber. f. Ag-capronat:	48,43% Ag.
	Ber. f. Ag-caprylat:	43,03% Ag.
Fraktion VI_6:	0,1146 g Substanz:	0,0510 g = 44,50% Ag.
	Ber. f. Ag-capronat:	48,43% Ag.
	Ber. f. Ag-caprylat:	43,03% Ag.
Fraktion VI_7:	0,2831 g Substanz:	0,1167 g = 41,22% Ag.
	Ber. f. Ag-caprylat:	43,03% Ag.
	Ber. f. Ag-caprinat:	38,71% Ag.

Aus diesen Analysen ergab sich mit Deutlichkeit, daß jede der obigen 4 Säurefraktionen ein Gemisch von mindestens je zwei Komponenten ist. Das ging auch aus einer Schmelzpunktsbestimmung mit der Substanz aus Anteil VI_7 hervor, die sich bei 14° bis 15° verflüssigte (Caprylsäure F. 16°, Caprinsäure F. 31°). Die Mengen waren zu klein, als daß eine weitere Aufteilung und Isolierung der C_8- und C_{10}-Säure möglich gewesen wäre.

Eine einheitliche Verbindung lieferte schließlich Fraktion VI. 8,0 g derselben wurden im Scheidetrichter noch zweimal mit viel Wasser durchgeschüttelt, davon abgetrennt und in Äther aufgenommen, über Na_2SO_4 getrocknet und dann fraktioniert. Aus der bei 203—205° übergegangenen Hauptfraktion von 4,1 g wurde die Silberverbindung bereitet, deren Ag-Gehalt fast gleich dem theoretischen für capronsaures Salz war.

0,1324 g Substanz:	0,0646 g = 48,80% Ag.
Ber. f. Ag-capronat:	48,43% Ag.

Die Bildung kohlenstoffreicher Säuren bei reiner Butylgärung des Zuckers in vollkommen mineralischer Lösung ist damit erwiesen.

Lebenslauf.

Am 4. April 1896 wurde ich, Bernhard Arinstein, als Sohn des Kaufmanns Marcus Arinstein in Kiew (Rußland) geboren; ich besuchte dort zwei Klassen eines russischen Gymnasiums, bis meine Eltern im Jahre 1906 nach Berlin übersiedelten. Hier war ich Schüler der Kaiser-Friedrich-Schule in Charlottenburg und späterhin der Siemens-Oberrealschule daselbst. Oktober 1916 legte ich die Maturitätsprüfung an der Oberrealschule zu Berlin-Steglitz ab und widmete mich von Ostern 1917 an dem Studium der Chemie im wissenschaftlich-chemischen Laboratorium von Professor Rosenheim und Meyer. Im Oktober 1917 wurde ich an der hiesigen Universität immatrikuliert und setzte mein Studium zunächst im vorgenannten Laboratorium, späterhin im chemischen Universitätsinstitut fort. Seit September 1919 arbeitete ich unter Leitung von Herrn Professor C. Neuberg in der chemischen Abteilung des Kaiser-Wilhelm-Instituts für experimentelle Therapie zu Berlin-Dahlem, wo die vorliegende Dissertation entstand. Herrn Professor C. Neuberg möchte ich an dieser Stelle meinen wärmsten Dank für die mir zuteil gewordene Förderung zum Ausdruck bringen.

Meine akademischen Lehrer waren die Herren Professoren: Fischer, Großmann, Rothe, Nernst, Neuberg, Riehl, Rosenheim, Rubens, Sombart, Wichelhaus und Wehnelt.

GPSR Compliance

The European Union's (EU) General Product Safety Regulation (GPSR) is a set of rules that requires consumer products to be safe and our obligations to ensure this.

If you have any concerns about our products, you can contact us on ProductSafety@springernature.com

In case Publisher is established outside the EU, the EU authorized representative is:

Springer Nature Customer Service Center GmbH
Europaplatz 3
69115 Heidelberg, Germany

Batch number: 10682323

Printed by Printforce, the Netherlands